全民节能减排实用手册

科学技术部社会发展科技司
中国21世纪议程管理中心 编著

社会科学文献出版社
SOCIAL SCIENCES ACADEMIC PRESS(CHINA)

节能减排　全民行动

序

我国是一个人口众多的发展中大国，资源相对不足，人均资源拥有量远低于世界平均水平。当前，我国正处于工业化和城市化加速、居民消费结构升级、基础设施建设加快、市场规模扩大的发展阶段，经济增长对能源需求和消费仍保持持续上升的趋势，能源紧张与环境污染已经成为无法回避的现实。因此，实施节能减排是贯彻落实科学发展观，建设资源节约型、环境友好型社会的重大举措，是缓解能源约束，减轻环境压力，保障经济安全的重要措施。国家“十一五”国民经济和社会发展规划纲要明确提出了节能减排目标，国务院批准发布了《节能减排综合性工作方案》，发展改革委、中宣部、科技部等17个部门联合发布了《节能减排全民行动实施方案》等重要文件，在全国范围内推动实施节能减排。

按照《节能减排全民行动实施方案》的部署，科技部联合发展改革委、中宣部、中国科协、全国人大资环委、全国政协人资环委等部门发布和实施《节能减排全民科技行动》，旨在依靠科学技术的引领和支撑，全民动员，"从我做起，从点滴做起，从每天做起，从身边做起"，推广应用节能减排适用技术和产品，开展全民节能减排科技教育与宣传，提高全民节能减排的科技意识和能力。为了配合"节能减排全民科技行动"的实施，为社会公众参与节能减排提供科学指导，科技部组织专家编制了《全民节能减排实用手册》。该手册由三部分内容组成：

一是公民36项日常生活行为节能减排潜力量化指标。该指标按照量大面广、贴近百姓生活、操作性强和不降低现有生活水平的原则，选取了百姓生活中衣、食、住、行、用等六个方面的36项日常行为，计算了公民个人或家庭每一项行为的节能减排潜力。通过计算，如果大家都积极参与，36项日常生活行为的年节能总量约为7700万吨标准煤，可减少大量的二氧化硫和COD（化学需氧量）排放，相应减少二氧化碳约2亿吨，经济、社会和环境效益十分显著。

二是节能减排技巧汇编。通过社会征集、网络收集、资料查阅、翻译引进等方法，汇总、梳理和筛选了近500个国内外各类生活节能减排实用技巧和小窍门，内容涵盖公民日常工作、生活的方方面面，供大家参考。

最后，归纳和整理了近年来我国政府出台的节能减排领域政策文件目录作为附录，以方便社会公众了解国家推进节能减排的各项方针政策和具体措施。

衷心希望通过这本手册的发布，能够有助于推动全民参与节能减排，通过宣传普及节能减排的科学知识和方法，提倡崇尚节约、科学文明的生活方式，形成节约资源、减少污染、保护环境的社会风气。

科学节能，大有技巧，全民减排，贡献不小。让我们每一个公民行动起来，从我做起、从点滴入手、从现在做起、从身边做起，积极参与节能减排，为实现国家的节能减排目标做出自己的贡献，共同创造更加节约、更加洁净、更加科学、更加文明的美好生活。

萬鋼

科学技术部部长

2007年10月

根据全面建设小康社会的总体要求，“十一五”时期要努力实现以下经济社会发展的主要目标：

……

——资源利用效率显著提高。单位国内生产总值能源消耗降低20%左右，单位工业增加值用水量降低30%，农业灌溉用水有效利用系数提高到0.5，工业固体废物综合利用率提高到60%。

——可持续发展能力增强。全国总人口控制在136000万人。耕地保有量保持1.2亿公顷，淡水、能源和重要矿产资源保障水平提高。生态环境恶化趋势基本遏制，主要污染物排放总量减少10%，森林覆盖率达到20%，控制温室气体排放取得成效。

——《中华人民共和国国民经济和社会发展第十一个五年规划纲要》

到2010年，万元国内生产总值能耗将由2005年的1.22吨标准煤下降到1吨标准煤以下，降低20%左右；单位工业增加值用水量降低30%。“十一五”期间，主要污染物排放总量减少10%，到2010年，二氧化硫排放量由2005年的2549万吨减少到2295万吨，化学需氧量(COD)由1414万吨减少到1273万吨；全国设市城市污水处理率不低于70%，工业固体废物综合利用率达到60%以上。

——《节能减排综合性工作方案》

到2010年末，全民的节能减排意识和科学素质显著提高；企业生产方式转变取得实质性成效，能耗和污染排放明显降低，资源利用率显著提高，行业节能减排技术能力得到增强；社会公众的消费模式和生活方式更加科学文明；节能减排的公众参与和社会监督机制进一步完善，依靠科学技术，全民参与节能减排在全社会蔚然成风。

——《节能减排全民科技行动方案》

目录

CONTENTS

第一部分

36项日常生活行为节能减排潜力量化指标

1. 衣

行为 001

少买不必要的衣服

服装在生产、加工和运输过程中，要消耗大量的能源，同时产生废气、废水等污染物。在保证生活需要的前提下，每人每年少买一件不必要的衣服可节能约2.5千克标准煤，相应减排二氧化碳6.4千克。如果全国每年有2500万人做到这一点，就可以节能约6.25万吨标准煤，减排二氧化碳16万吨。

行为 002

减少住宿宾馆时的床单换洗次数

床单、被罩等的洗涤要消耗水、电和洗衣粉，而少换洗一次，可省电0.03度、水13升、洗衣粉22.5克，相应减排二氧化碳50克。如果全国8880家星级宾馆（2002年数据）采纳“绿色客房”标准的建议（3天更换一次床单），每年可综合节能约1.6万吨标准煤，减排二氧化碳4万吨。

行为003

采用节能方式洗衣

（1）每月手洗一次衣服

随着人们物质生活水平的提高，洗衣机已经走进千家万户。虽然洗衣机给生活带来很大的帮助，但只有两三件衣物就用机洗，会造成水和电的浪费。如果每月用手洗代替一次机洗，每台洗衣机每年可节能约1.4千克标准煤，相应减排二氧化碳3.6千克。如果全国1.9亿台洗衣机都因此每月少用一次，那么每年可节能约26万吨标准煤，减排二氧化碳68.4万吨。

（2）每年少用1千克洗衣粉

洗衣粉是生活必需品，但在使用中经常出现浪费；合理使用，就可以节能减排。比如，少用1千克洗衣粉，可节能约0.28千克标准煤，相应减排二氧化碳0.72千克。如果全国3.9亿个家庭平均每户每年少用1千克洗衣粉，1年可节能约10.9万吨标准煤，减排二氧化碳28.1万吨。

（3）选用节能洗衣机

节能洗衣机比普通洗衣机节电50%、节水60%，每台节能洗衣机每年可节能约3.7千克标准煤，相应减排二氧化碳9.4千克。如果全国每年有10%的普通洗衣机更新为节能洗衣机，那么每年可节能约7万吨标准煤，减排二氧化碳17.8万吨。

2. 食

行为 004

减少粮食浪费

“谁知盘中餐，粒粒皆辛苦”，可是现在浪费粮食的现象仍比较严重。而少浪费0.5千克粮食（以水稻为例），可节能约0.18千克标准煤，相应减排二氧化碳0.47千克。如果全国平均每人每年减少粮食浪费0.5千克，每年可节能约24.1万吨标准煤，减排二氧化碳61.2万吨。

行为 005

减少畜产品浪费

每人每年少浪费0.5千克猪肉，可节能约0.28千克标准煤，相应减排二氧化碳0.7千克。如果全国平均每人每年减少猪肉浪费0.5千克，每年可节能约35.3万吨标准煤，减排二氧化碳91.1万吨。

行为 006

饮酒适量

（1）夏季每月少喝一瓶啤酒

酷暑难耐，啤酒成了颇受欢迎的饮料，但“喝高了”的事情时有发生。在夏季的3个月里平均每月少喝1瓶，1人1年可节能约0.23千克标准煤，相应减排二氧化碳0.6千克。从全国范围来看，每年可节能约29.7万吨标准煤，减排二氧化碳78万吨。

（2）每年少喝0.5千克白酒

白酒，丰富了生活，更成就了中华民族灿烂的酒文化。不过，醉酒却容易酿成事故。如果1个人1年少喝0.5千克，可节能约0.4千克标准煤，相应减排二氧化碳1千克。如果全国2亿“酒民”平均每年少喝0.5千克酒，每年可节能约8万吨标准煤，减排二氧化碳20万吨。

行为 007

减少吸烟

吸烟有害健康，香烟生产还消耗能源。1天少抽1支烟，每人每年可节能约0.14千克标准煤，相应减排二氧化碳0.37千克。如果全国3.5亿烟民都这么做，那么每年可节能约5万吨标准煤，减排二氧化碳13万吨。

3. 住

行为 008

节能装修

（1）减少装修铝材使用量

铝是能耗最大的金属冶炼产品之一。减少1千克装修用铝材，可节能约9.6千克标准煤，相应减排二氧化碳24.7千克。如果全国每年2000万户左右的家庭装修能做到这一点，那么可节能约19.1万吨标准煤，减排二氧化碳49.4万吨。

（2）减少装修钢材使用量

钢材是住宅装修最常用的材料之一，钢材生产也是耗能排碳的大户。减少1千克装修用钢材，可节能约0.74千克标准煤，相应减排二氧化碳1.9千克。如果全国每年2000万户左右的家庭装修能做到这一点，那么可节能约1.4万吨标准煤，减排二氧化碳3.8万吨。

（3）减少装修木材使用量

适当减少装修木材使用量，不但保护森林，增加二氧化碳吸收量，而且减少了木材加工、运输过程中的能源消耗。少使用0.1立方米装修用的木材，可节能约25千克标准煤，相应减排二氧化碳64.3千克。如果全国每年2000万户左右的家庭装修能做到这一点，那么可节能约50万吨标准煤，减排二氧化碳129万吨。

（4）减少建筑陶瓷使用量

家庭装修时使用陶瓷能使住宅更美观。不过，浪费也就此产生，部分家庭甚至存在奢侈装修的现象。节约1平方米的建筑陶瓷，可节能约6千克标准煤，相应减排二氧化碳15.4千克。如果全国每年2000万户左右的家庭装修能做到这一点，那么可节能约12万吨标准煤，减排二氧化碳30.8万吨。

行为 009

农村住宅使用节能砖

与黏土砖相比，节能砖具有节土、节能等优点，是优越的新型建筑材料。在农村推广使用节能砖，具有广阔的节能减排前景。使用节能砖建1座农村住宅，可节能约5.7吨标准煤，相应减排二氧化碳14.8吨。如果我国农村每年有10%的新建房屋改用节能砖，那么全国可节能约860万吨标准煤，减排二氧化碳2212万吨。

行为 010

合理使用空调

（1）夏季空调温度在国家提倡的基础上调高1℃

炎热的夏季，空调能带给人清凉的感觉。不过，空调是耗电量较大的电器，设定的温度越低，消耗能源越多。其实，通过改穿长袖为穿短袖、改穿西服为穿便装、改扎领带为扎松领，适当调高空调温度，并不影响舒适度，还可以节能减排。如果每台空调在国家提倡的26℃基础上调高1℃，每年可节电22度，相应减排二氧化碳21千克。如果对全国1.5亿台空调都采取这一措施，那么每年可节电约33亿度，减排二氧化碳317万吨。

（2）选用节能空调

一台节能空调比普通空调每小时少耗电0.24度，按全年使用100小时的保守估计，可节电24度，相应减排二氧化碳23千克。如果全国每年10%的空调更新为节能空调，那么可节电约3.6亿度，减排二氧化碳35万吨。

（3）出门提前几分钟关空调

空调房间的温度并不会因为空调关闭而马上升高。出门前3分钟关空调，按每台每年可节电约5度的保守估计，相应减排二氧化碳4.8千克。如果对全国1.5亿台空调都采取这一措施，那么每年可节电约7.5亿度，减排二氧化碳72万吨。

行为 011

合理使用电风扇

虽然空调在我国家庭中逐渐普及，但电风扇的使用数量仍然巨大。电扇的耗电量与扇叶的转速成正比，同一台电风扇的最快档与最慢档的耗电量相差约40%。在大部分的时间里，中、低档风速足以满足纳凉的需要。

以一台60瓦的电风扇为例，如果使用中、低档转速，全年可节电约2.4度，相应减排二氧化碳2.3千克。如果对全国约4.7亿台电风扇都采取这一措施，那么每年可节电约11.3亿度，减排二氧化碳108万吨。

行为 012

合理采暖

通过调整供暖时间、强度，使用分室供暖阀等措施，每户每年可节能约326千克标准煤，相应减排二氧化碳837千克。如果每年有10%的北方城镇家庭完成供暖改造，那么全国每年可节能约300万吨标准煤，减排二氧化碳770万吨。

行为 013

农村住宅使用太阳能供暖

太阳能是我国重点发展的清洁能源。一座农村住宅使用被动式太阳能供暖，每年可节能约0.8吨标准煤，相应减排二氧化碳2.1吨。如果我国农村每年有10%的新建房屋使用被动式太阳能供暖，全国可节能约120万吨标准煤，减排二氧化碳308.4万吨。

行为 014

采用节能的家庭照明方式

（1）家庭照明改用节能灯

以高品质节能灯代替白炽灯，不仅减少耗电，还能提高照明效果。以11瓦节能灯代替60瓦白炽灯、每天照明4小时计算，1支节能灯1年可节电约71.5度，相应减排二氧化碳68.6千克。按照全国每年更换1亿支白炽灯的保守估计，可节电71.5亿度，减排二氧化碳686万吨。

（2）在家随手关灯

养成在家随手关灯的好习惯，每户每年可节电约4.9度，相应减排二氧化碳4.7千克。如果全国3.9亿户家庭都能做到，那么每年可节电约19.6亿度，减排二氧化碳188万吨。

行为 015

采用节能的公共照明方式

（1）增加公共场所的自然采光

如果全国所有的商场、会议中心等公共场所白天全部采用自然光照明，可以节约用电量约820亿度。即使其中只有10%做到这一点，每年仍可节电82亿度，相应减排二氧化碳787万吨。

（2）公共照明采用半导体灯

同样亮度下，半导体灯耗电量仅为白炽灯的十分之一，寿命却是白炽灯的100倍。如果我国每年有10%的传统光源被半导体灯代替，可节电约90亿度，相应减排二氧化碳864万吨。

4. 行

行为 016

每月少开一天车

每月少开一天，每车每年可节油约44升，相应减排二氧化碳98千克。如果全国1248万辆私人轿车的车主都做到这一点，每年可节油约5.54亿升，减排二氧化碳122万吨。

行为 017

以节能方式出行200公里

骑自行车或步行代替驾车出行100公里，可以节油约9升；坐公交车代替自驾车出行100公里，可省油5/6。按以上方式节能出行200公里，每人可以减少汽油消耗16.7升，相应减排二氧化碳36.8千克。如果全国1248万辆私人轿车的车主都这么做，那么每年可以节油2.1亿升，减排二氧化碳46万吨。

行为 018

选购小排量汽车

汽车耗油量通常随排气量上升而增加。排气量为1.3升的车与2.0升的车相比，每年可节油294升，相应减排二氧化碳647千克。如果全国每年新售出的轿车（约382.89万辆）排气量平均降低0.1升，那么可节油1.6亿升，减排二氧化碳35.4万吨。

行为 019

选购混合动力汽车

混合动力车可省油30%以上，每辆普通轿车每年可因此节油约378升，相应减排二氧化碳832千克。如果混合动力车的销售量占到全国轿车年销售量的10%（约38.3万辆），那么每年可节油1.45亿升，减排二氧化碳31.8万吨。

行为 020

科学用车，注意保养

汽车车况不良会导致油耗大大增加，而发动机的空转也很耗油。通过及时更换空气滤清器、保持合适胎压、及时熄火等措施，每辆车每年可减少油耗约180升，相应减排二氧化碳400千克。如果全国1248万辆私人轿车每天减少发动机空转3~5分钟，并有10%的车况得以改善，那么每年可节油6.0亿升，减排二氧化碳130万吨。

5. 用

行为 021

用布袋取代塑料袋

尽管少生产1个塑料袋只能节能约0.04克标准煤，相应减排二氧化碳0.1克，但由于塑料袋日常用量极大，如果全国减少10%的塑料袋使用量，那么每年可以节能约1.2万吨标准煤，减排二氧化碳3.1万吨。

行为 022

减少一次性筷子使用

我国是人口大国，广泛使用一次性筷子会大量消耗林业资源。如果全国减少10%的一次性筷子使用量，那么每年可相当于减少二氧化碳排放约10.3万吨。

行为 023

尽量少用电梯

目前全国电梯年耗电量约300亿度。通过较低楼层改走楼梯、多台电梯在休息时间只部分开启等行动，大约可减少10%的电梯用电。这样一来，每台电梯每年可节电5000度，相应减排二氧化碳4.8吨。全国60万台左右的电梯采取此类措施每年可节电30亿度，相当于减排二氧化碳288万吨。

行为 024

使用冰箱注意节能

（1）选用节能冰箱

1台节能冰箱比普通冰箱每年可以省电约100度，相应减少二氧化碳排放100千克。如果每年新售出的1427万台冰箱都达到节能冰箱标准，那么全国每年可节电14.7亿度，减排二氧化碳141万吨。

（2）合理使用冰箱

每天减少3分钟的冰箱开启时间，1年可省下30度电，相应减少二氧化碳排放30千克；及时给冰箱除霜，每年可以节电184度，相应减少二氧化碳排放177千克。

如果对全国1.5亿台冰箱普遍采取这些措施，每年可节电73.8亿度，减少二氧化碳排放708万吨。

行为 025

合理使用电脑、打印机

（1）不用电脑时以待机代替屏幕保护

不用电脑时以待机代替屏幕保护，每台台式机每年可省电6.3度，相应减排二氧化碳6千克；每台笔记本电脑每年可省电1.5度，相应减排二氧化碳1.4千克。如果对全国保有的7700万台电脑都采取这一措施，那么每年可省电4.5亿度，减排二氧化碳43万吨。

（2）用液晶电脑屏幕代替CRT屏幕

液晶屏幕与传统CRT屏幕相比，大约节能50%，每台每年可节电约20度，相应减排二氧化碳19.2千克。如果全国保有的约4000万台CRT屏幕都被液晶屏幕代替，每年可节电约8亿度，减排二氧化碳76.9万吨。

（3）调低电脑屏幕亮度

调低电脑屏幕亮度，每台台式机每年可省电约30度，相应减排二氧化碳29千克；每台笔记本电脑每年可省电约15度，相应减排二氧化碳14.6千克。如果对全国保有的约7700万台电脑屏幕都采取这一措施，那么每年可省电约23亿度，减排二氧化碳220万吨。

（4）不使用打印机时将其断电

不使用打印机时将其断电，每台每年可省电10度，相应减排二氧化碳9.6千克。如果对全国保有的约3000万台打印机都采取这一措施，那么全国每年可节电约3亿度，减排二氧化碳28.8万吨。

行为026

合理使用电视机

（1）每天少开半小时电视

每天少开半小时，每台电视机每年可节电约20度，相应减排二氧化碳19.2千克。如果全国有1/10的电视机每天减少半小时可有可无的开机时间，那么全国每年可节电约7亿度，减排二氧化碳67万吨。

（2）调低电视屏幕亮度

将电视屏幕设置为中等亮度，既能达到最舒适的视觉效果，还能省电，每台电视机每年的节电量约为5.5度，相应减排二氧化碳5.3千克。如果对全国保有的约3.5亿台电视机都采取这一措施，那么全国每年可节电约19亿度，减排二氧化碳184万吨。

行为 027

适时将电器断电

（1）饮水机不用时断电

据统计，饮水机每天真正使用的时间约9个小时，其他时间基本闲置，近2/3的用电量因此被白白浪费掉。在饮水机闲置时关掉电源，每台每年节电约366度，相应减排二氧化碳351千克。如果对全国保有的约4000万台饮水机都采取这一措施，那么全国每年可节电约145亿度，减排二氧化碳1405万吨。

（2）及时拔下家用电器插头

电视机、洗衣机、微波炉、空调等家用电器，在待机状态下仍在耗电。如果全国3.9亿户家庭都在用电后拔下插头，每年可节电约20.3亿度，相应减排二氧化碳197万吨。

行为 028

合理用水

（1）给电热水器包裹隔热材料

有些电热水器因缺少隔热层而造成电的浪费。如果家用电热水器的外表面温度很高，不妨自己动手“修理”一下——包裹上一层隔热材料。这样，每台电热水器每年可节电约96度，相应减少二氧化碳排放92.5千克。如果全国有1000万台热水器能进行这项改造，那么每年可节电约9.6亿度，减排二氧化碳92.5万吨。

（2）淋浴代替盆浴并控制洗浴时间

盆浴是极其耗水的洗浴方式，如果用淋浴代替，每人每次可节水170升，同时减少等量的污水排放，可节能3.1千克标准煤，相应减排二氧化碳8.1千克。如果全国1千万盆浴使用者能做到这一点，那么全国每年可节能约574万吨标准煤，减排二氧化碳1475万吨。

（3）适当调低淋浴温度

适当将淋浴温度调低1℃，每人每次淋浴可相应减排二氧化碳35克。如果全国13亿人有20%这么做，每年可节能64.4万吨标准煤，减排二氧化碳165万吨。

（4）洗澡用水及时关闭

洗澡时应该及时关闭来水开关，以减少不必要的浪费。这样，每人每次可相应减排二氧化碳98克。如全国有3亿人这么做，每年可节能210万吨标准煤，减排二氧化碳536万吨。

（5）使用节水龙头

使用感应节水龙头可比手动水龙头节水30%左右，每户每年可因此节能9.6千克标准煤，相应减排二氧化碳24.8千克。如果全国每年200万户家庭更换水龙头时都选用节水龙头，那么可节能2万吨标准煤，减排二氧化碳5万吨。

（6）避免家庭用水跑、冒、滴、漏

一个没关紧的水龙头，在一个月内就能漏掉约2吨水，一年就漏掉24吨水，同时产生等量的污水排放。如果全国3.9亿户家庭用水时能杜绝这一现象，那么每年可节能340万吨标准煤，相应减排二氧化碳868万吨。

（7）用盆接水洗菜

用盆接水洗菜代替直接冲洗，每户每年约可节水1.64吨，同时减少等量污水排放，相应减排二氧化碳0.74千克。如果全国1.8亿户城镇家庭都这么做，那么每年可节能5.1万吨标准煤，减少二氧化碳排放13.4万吨。

行为 029

用太阳能烧水

太阳能热水器节能、环保，而且使用寿命长。1平方米的太阳能热水器1年节能120千克标准煤，相应减少二氧化碳排放308千克。2006年底，我国太阳能热水器面积已达到9000万平方米左右，如果在此基础上每年新增20%的使用面积，那么全国每年可节能216万吨标准煤，减少二氧化碳排放555万吨。

行为 030

采用节能方式做饭

（1）煮饭提前淘米，并浸泡十分钟

提前淘米并浸泡10分钟，然后再用电饭锅煮，可大大缩短米熟的时间，节电约10%。每户每年可因此省电4.5度，相应减少二氧化碳排放4.3千克。如果全国1.8亿户城镇家庭都这么做，那么每年可省电8亿度，减排二氧化碳78万吨。

（2）尽量避免抽油烟机空转

在厨房做饭时，应合理安排抽油烟机的使用时间，以避免长时间空转而浪费电。如果每台抽油烟机每天减少空转10分钟，1年可省电12.2度，相应减少二氧化碳排放11.7千克。如果对全国保有的8000万台抽油烟机都采取这一措施，那么每年可省电9.8亿度，减排二氧化碳93.6万吨。

（3）用微波炉代替煤气灶加热食物

微波炉比煤气灶的能源利用效率高。如果我国5%的烹饪工作用微波炉进行，那么与用煤气炉相比，每年可节能约60万吨标准煤，相应减排二氧化碳154万吨。

（4）选用节能电饭锅

对同等重量的食品进行加热，节能电饭锅要比普通电饭锅省电约20%，每台每年省电约9度，相应减排二氧化碳8.65千克。如果全国每年有10%的城镇家庭更换电饭锅时选择节能电饭锅，那么可节电0.9亿度，减排二氧化碳8.65万吨。

行为 031

合理利用纸张

（1）重复使用教科书

重复使用教科书，是大势所趋。减少一本新教科书的使用，可以减少耗纸约0.2千克，节能0.26千克标准煤，相应减排二氧化碳0.66千克。如果全国每年有1/3的教科书得到循环使用，那么可减少耗纸约20万吨，节能26万吨标准煤，减排二氧化碳66万吨。

（2）纸张双面打印、复印

纸张双面打印、复印，既可以减少费用，又可以节能减排。如果全国10%的打印、复印做到这一点，那么每年可减少耗纸约5.1万吨，节能6.4万吨标准煤，相应减排二氧化碳16.4万吨。

（3）用电子书刊代替印刷书刊

如果将全国5%的出版图书、期刊、报纸用电子书刊代替，每年可减少耗纸约26万吨，节能33.1万吨标准煤，相应减排二氧化碳85.2万吨。

（4）用电子邮件代替纸质信函

在互联网日益普及的形势下，用1封电子邮件代替1封纸质信函，可相应减排二氧化碳52.6克。如果全国1/3的纸质信函用电子邮件代替，那么每年可减少耗纸约3.9万吨，节能5万吨标准煤，减排二氧化碳12.9万吨。

（5）使用再生纸

用原木为原料生产1吨纸，比生产1吨再生纸多耗能40%。使用1张再生纸可以节能约1.8克标准煤，相应减排二氧化碳4.7克。如果将全国2%的纸张使用改为再生纸，那么每年可节能约45.2万吨标准煤，减排二氧化碳116.4万吨。

（6）用手帕代替纸巾

用手帕代替纸巾，每人每年可减少耗纸约0.17千克，节能0.2吨标准煤，相应减排二氧化碳0.57千克。如果全国每年有10%的纸巾使用改为用手帕代替，那么可减少耗纸约2.2万吨，节能2.8万吨标准煤，减排二氧化碳7.4万吨。

6. 其他

行为 032

减少使用过度包装物

商店购物等日常生活行为中，简单包装就可满足需要，使用过度包装既浪费资源又污染环境。减少使用1千克过度包装纸，可节能约1.3千克标准煤，相应减排二氧化碳3.5千克。如果全国每年减少10%的过度包装纸用量，那么可节能约120万吨，减排二氧化碳312万吨。

行为 033

合理回收城市生活垃圾

如果全国城市垃圾中的废纸和玻璃有20%加以回收利用，那么每年可节能约270万吨标准煤，相应减排二氧化碳690万吨。

行为 034

夜间及时熄灭户外景观灯

现代都市经常灯火通明，其中有不少能源被浪费掉了。如果全国的户外景观灯（共约600万千瓦）在午夜至凌晨时段及时熄灭，那么每年可节电88亿度，相应减排二氧化碳846万吨。

行为 035

在农村推广沼气

建一个8～10立方米的农村户用沼气池，一年可相应减排二氧化碳1.5吨。按照2005年达到的推广水平（1700多万口户用沼气池，年产沼气约65亿立方米），全国每年可减排二氧化碳2165万吨。

行为 036

积极参加全民植树

1棵树1年可吸收二氧化碳18.3千克，相当于减少了等量二氧化碳的排放。如果全国3.9亿户家庭每年都栽种1棵树，那么每年可多吸收二氧化碳734万吨。

第一章 衣物洗涤、整理节能减排小窍门

1. 洗衣机节水节电

小窍门

洗衣步骤需合理

机洗前，将衣物放入洗衣粉等洗涤剂溶液中浸泡一段时间，手洗除去袖口、领口比较严重的污渍后机洗，可有效缩短洗涤时间，节省水电。

小窍门

集中洗衣更经济

洗衣物时，最好一家人几次换下来的衣服集中洗涤，避免小批量的频繁洗涤。同时用一桶含洗涤剂的水连续洗几批衣物，漂洗衣服时，一桶清水连续漂洗几批衣物，这样更省电省水。

小窍门

短时脱水即奏效

机洗衣物脱水时间只需2分钟左右就可以了，再延长脱水时间所提高的脱水率很少，浪费电能，且对衣物磨损较大。

小窍门

漂洗用水再利用

无论是机洗还是手洗衣物，漂洗衣物的水可以收集起来用来下次洗衣服、擦地板或冲马桶。

小窍门

洗衣颜色分深浅

洗衣时衣服要按颜色深浅分开，可以用一桶水先洗涤颜色浅的衣物，再洗涤颜色深的衣物，这样不仅洗得干净，而且省水省时。

小窍门

洗衣数量要适量

机洗衣物时，桶内衣物过少，会减少衣服之间的摩擦，不易清洗干净；如果洗得太多，则会增加电机负荷。两种情况均会造成电能的浪费。

小窍门

洗衣用水有讲究

机洗衣物时水位过高会增加波盘的水压，加重电机的负担，增加电耗；如果用水量太少，又会影响洗涤时衣服的上下翻动，不易清洗干净，耗时耗电。因此要根据衣物的多少适当选择洗涤和漂洗衣物的水位。

小窍门

选用无磷洗涤剂

洗涤衣物尽量选择无磷洗衣粉或洗涤剂，在洗衣时适量添加，减少含磷清洁剂的使用，减轻水体污染。

2. 电熨斗节电

小窍门

正确选择电熨斗

一般家用电熨斗功率在500瓦~700瓦便足够使用，选择购买达到温度时能自动断电的调温电熨斗，不仅节约电能，还能保证熨烫衣服的质量。

小窍门

熨烫衣物分时段

在电熨斗刚刚通电的时段熨烫尼龙、涤纶等不耐高温的化纤衣物，待温度升高后，熨烫较耐温的棉麻衣物，断电后，再利用余热熨烫一部分不耐高温的衣物，这样可节约电能。

3. 其他

小窍门

“节能”穿衣法

穿衣要合时令。炎热的季节穿轻便、质薄的服装，男士尽量不打领带；寒冷的季节加穿棉毛衣物保暖，女性尽量少穿裙子。这样，办公室空调的设定温度在夏天可适当调高，而冬天则可适当调低，可节约大量电能。

小窍门

衣服多穿“纯天然”

倡导简单朴素的穿衣风格，选择棉、麻、丝、毛等自然质地的衣料替代尼龙、涤纶等化纤织物，这样不仅减少了纺织加工工业的污染排放，也有益于身体健康。

小窍门

旧衣物再利用

自己动手将旧的牛仔裤裁成短裤，既节约又时尚；上衣袖子、裤腿等可以做成套袖、护膝、护腿；大块布可用做抹布或做拖布；旧的棉

质内衣裁剪消毒后可以给婴儿当尿布，既经济又好用。

小窍门

无纺布做抹布

女士化妆时蘸爽肤水用过的无纺布、化妆棉及面膜纸均是很好的清洁工具。用它们擦拭窗户、地板、纱窗等清洁效果都很好，不留异味，而且比普通的抹布易于清理，省时省力且节约清洗用水。

第二章

食物选择、储藏、烹饪节能减排小窍门

1. 食品选择

小窍门

购买食物讲节能

购买应季蔬菜和水果，减少生产反季节蔬果所耗费的大量能源；尽量选择产地较近的产品，促使商家增加从邻近地区进货，从而节省运输过程中消耗的能源，减少污染物的排放。

小窍门

用凉开水代替矿泉水

自家准备凉杯凉置白开水，出行或运动时用便

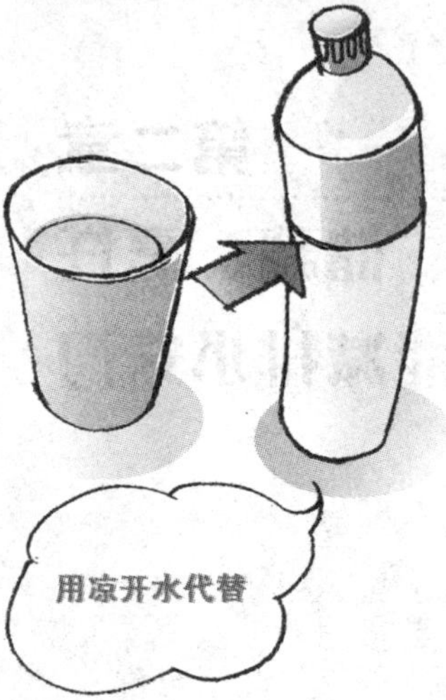

携水杯或水瓶自带凉开水，减少购买矿泉水或纯净水。矿泉水或纯净水从取水、加工、运输、销售到空瓶回收，再算上塑料瓶、易拉罐、纸箱、塑胶袋等包装，耗费的资源和能源远远高于自来水，所以提倡饮用凉开水代替饮用矿泉水。

小窍门

减少使用一次性塑料餐具

减少使用快餐盒、吸管、一次性勺子等塑料制品，避免难以降解的塑料制品造成的环境污染。

2. 灶具

小窍门

灶台设置避免风口

煤气灶的设置应尽量避开风口，风口流动空气的干扰，会使用气量增大，而且油烟也易被风吹散，增加油烟机的工作量。

小窍门

正确使用灶具

灶具要调节进风口大小，让燃气充分燃烧，判断方法是火焰清晰，呈纯蓝色；灶具架子的高度应使火焰的外焰接触锅底；直径大的平底锅比尖底锅更省煤气；最好是一个炉子的几个炉眼同时使用。

小窍门

使用炉盘节能圈

在炉盘上放置个节能圈，方便、便宜又耐用。

小窍门

烹饪食物多用中火

使用中火烹饪食物，而不是大火，可有效节省燃气。

小窍门

煤气炉定期检修

煤气炉使用时间长了，出火口容易被灰尘堵塞，不仅影响“火力”，还会造成漏气，所以每隔一段时间，清除出火口上面的灰尘。

小窍门

给液化气装上节能罩和高压阀

原来能用40天左右的15公斤装液化气装上节能设备后，能用近两个月，而且里面的气烧得特别干净。

小窍门

厨房需通风

厨房要保持良好的通风环境，否则燃气燃烧时没有充足的氧气，特别费气。

小窍门

注意先拧紧阀门

用完气后要拧紧气瓶或者管道阀门，再关燃气炉，这样既避免了漏气的危险，还可以减少浪费。

小窍门

保持电磁炉电热盘清洁

因为电磁炉会不断附着油渍污物，时间长了会炭化成膜，影响导热性能，增加耗电。

小窍门

微波炉省电小窍门

热饭菜用专用塑料盘盛，摊薄挑松散，比用碗盛省时省电。

小窍门

适当选择功率大的电饭锅

因为煮同量的米饭，700瓦的电饭锅比500瓦的电饭煲要省电。煮1千克的饭，500瓦的电饭锅需30分钟，耗电0.25千瓦时；而用700瓦电饭锅约需20分钟，耗电仅0.23千瓦时，功率大的电饭锅，省时又省电。

小窍门

利用电热盘余热

当电饭锅的红灯熄灭、黄灯亮时，表示米饭已熟，可关闭电源开关，利用电热盘的余热保温10分钟左右。

小窍门

避免高峰用电

同样功率的电饭锅，当电压低于其额定值10%时，则需要延长用电时间12%左右，在用电高峰的时候最好不用或少使用电饭锅。

小窍门

合理选购抽油烟机

超薄型烟机效果一般，且不易清洗。建议选择功率适当、吸力强、噪音低、清洗简单的机型。

小窍门

不用烟机作排风扇

不要用抽油烟机当换风设备，在有油烟时才开启抽油烟机。

小窍门

取消夜间电水壶保温

在睡觉前关闭电水壶保温电源，可有效减少电能浪费。

小窍门

电水壶及时除水垢

电水壶的电热管积了水垢后要及时清除，这样不但能提高热效率，延长使用寿命，而且还能节约电能。

3. 烹饪

小窍门

掌握正确的烧水方法

冬天洗脸洗脚时，不要将水烧开后再加冷水，而应该直接将冷水烧至需要的温度。烧水时温度越高，向外界传导热量越大，消耗的燃气就越多。正确的烧水方法可节省燃气。

小窍门

避免烧空灶

做饭时应先把要做的食物准备好再点火，避免烧空灶，将做饭的步骤安排好可以大大节约燃气。

小窍门

做饭也节能

锅的种类及大小要选择适当，要与炉眼大小相匹配，小锅用小炉眼，大锅用大炉眼。不要忘记在锅上加盖，锅盖可使热量保持在锅内，饭菜可以热得更快，味道也更鲜美，还可减少水蒸气的散发，减少厨房和房间里结露的可能性。

小窍门

先泡米再煮饭

煮饭时，淘洗的米浸泡10分钟再煮，煮饭所用的时间缩短，减少能源的浪费。

小窍门

淘米遍数要合理

大米含有人体必需的营养，但米粒表层的营养成分在淘米时会随水流失，淘米次数过多，既容易导致营养流失又浪费用水。一般淘一遍米即可。

小窍门

不拿电饭锅烧水

切勿用电饭锅当电水壶用。同样功率的电饭锅和电水壶烧1瓶开水，电水壶只需用5~6分钟，而电饭锅需要20分钟左右。

小窍门

饭煮好后立即拔下电源插头

饭煮好后立即拔下电源插头。否则，当锅内温度下降到70度以下时，它会断断续续地自动通电，既费电又缩短锅的使用寿命。

小窍门

加热时把碗外面套上保鲜膜

用微波炉加热食品时，把碗外面套上保鲜膜 (微波炉专用保鲜膜)，这样一来，食物的水分不会蒸发，味道好吃，而且加热的时间也会缩短，达到省电的效果。

小窍门

合理放置消毒柜

消毒柜应放置在干燥通风处，否则散热不佳，将增大电耗。消毒结束后，过10分钟再取用效果更佳。

小窍门

废旧纸张制作残渣盘

用报刊等废旧纸张叠成小盒子当一次性渣盘，或者折成相应形状垫在垃圾桶中放置潮湿的厨房垃圾。

小窍门

烧水用大火

小火烧水所用时间长，散失的热量较多，烧开水用大火更省煤气。

小窍门

适量烧开水

有些家庭喜欢每天将家中所有的开水瓶灌满开水，而实际上又用不完，第二天倒掉。倘若用户能根据实际需要，减少每天所烧的开水量，其节省的燃气就十分可观了。

小窍门

节能煮蛋法

煮鸡蛋时用密封性比较好的锅，水刚好能漫过鸡蛋，水沸一分钟时关火，过几分钟鸡蛋就被密闭的锅中的余热煮熟了，能节约不少电能或燃气。

小窍门

煮牛肉快熟法

炖牛肉时加一小撮茶叶，约为泡一壶茶的量即可，用纱布包好同煮。用这种方法牛肉炖得快、炖得烂，味道鲜美。

小窍门

煮烂火腿省火法

全瘦肉的火腿煮烂很费火，可以在煮火腿之前在火腿皮上涂些白糖，只需平时一半的时间就能把火腿煮烂，且味道更鲜美。

小窍门

炖老母鸡省火法

在锅内加二三十克黄豆与老母鸡同炖，熟得快且味道鲜；或者在杀鸡前灌鸡一汤匙食醋，用文火炖就会煮得烂熟；或者放三四枚山楂，鸡肉也易烂。

小窍门

炒肉省火

切肉的时候，横纹切片，顺纹切条，肉更易熟；将切好的肉放在漏勺里，在开水中晃动几下，待肉刚变色时就起水，再下锅炒，只需3~4分钟就能熟。

小窍门

快煮面条

煮面条时不要等到水沸后再下，当锅底有小气泡往上冒时就可以下，然后搅几下盖锅煮沸，适量加点冷水，再盖锅煮沸即熟。不但省火，而且煮出的面条柔软而汤清。

小窍门

巧炖银耳汤

头天将洗净的银耳放进装开水的瓶中,不超过容积的80%(银耳会膨胀) ,第二天倒入锅中,大火烧开改小火焖20分钟，即可喝到浓稠的银耳汤。

4. 厨房节水

小窍门

厨房节水

炊具、食具上的油污，先用纸擦除，再洗涤，可节水。

小窍门

安装双台盆

在厨房里安装双台盆，可以浸洗分开，能更加合理用水。

小窍门

间断冲洗

控制水龙头流量，改不间断冲洗为间断冲洗，可有效节水。

小窍门

安装洗涤两用接水喷头

洗涤两用接水喷头可直接安装在家庭厨房水龙头

上，需要时拨动小手柄，水流既改变为喷洒状态，使洗涤面积扩大4倍，还可以防溅和加快洗涤速度。反向拨动手柄，水流又能集中。这样就可减少1/4的用水量。

小窍门

巧用淘米水

淘米水可用来洗菜、浇花或洗碗。不仅节约水，而且不污染水质。

小窍门

淘米水泡干菜

淘米水泡干菜如海带、甘笋、墨鱼等，不但容易泡涨、洗净，而且可以使食品很快煮熟、煮透，节水又节能。

小窍门

清洗蔬菜有顺序

清洗蔬菜时，不要在水龙头下直接进行清洗，应尽量放入到盛水容器中，并调整清洗顺序，如可先对有皮的蔬菜进行去皮、去泥，然后再进行清洗；先清洗叶类、果类蔬菜，然后清洗根茎类蔬菜。

5. 厨房去污

小窍门

不锈钢厨具去油

处理不锈钢厨具表面油渍，只需在其上洒少许面粉，再用废旧软塑料或布擦，即光亮如新，可减少洗涤剂和水的用量。

小窍门

巧用面汤

面条汤、水饺汤有一定的去油污作用，可用来洗刷碗筷。此法可减少洗涤剂在人体内的蓄积和对水质的污染。

小窍门

地面油污巧去除

醋有清除油污的功效。拖地时在拖把上倒一点，即可去除地面油污。如果水泥地面上的油污很难去除，可在头天晚上弄点草木灰，用水调成糊状涂在地面上，第二天再用清水冲洗，水泥地面便可焕然一新，这样可以减少洗涤剂和水的用量。

小窍门

灶具油污巧去除

可用粘稠的米汤涂在粘上油污的灶具上，待米汤结痂干燥后，用铁片轻刮，油污即随之去除。如用较稀的米汤、面汤直接清洗，效果也不错。

小窍门

玻璃油污巧去除

可先用碱性去污粉擦拭，然后再用氢氧化钠或稀氨水溶液涂在玻璃上，半小时后用布擦洗，玻璃就会变得光洁明亮。

小窍门

纱窗油污巧去除

先用笤帚扫去表面的粉尘，再用15克清洁剂加水500毫升，搅拌均匀后用抹布两面均抹，即可除去油腻。

小窍门

家具油污巧去除

在清水中加入适量醋来擦拭，即可去除家具油污。或用漂白粉溶液浸泡一会儿再擦，去污效果也很不错。

小窍门

不锈钢污渍巧去除

用做菜剩下的萝卜头反复擦拭渍迹处，便能除去。如果渍迹产生的时间已久，那么在萝卜头上沾些去污粉，效果更好。

小窍门

陈玉米面洗碗

用陈玉米面洗碗，吸油，不伤手，而且容易冲洗干净，既可减少洗涤剂用量又可节约用水。

6. 其他

小窍门

吃不了“兜着走”

外出就餐，点菜要适量，吃不完的饭菜打包带回家，避免浪费。

小窍门

吃自助餐“手下留情”

吃自助餐时少拿勤取，避免不必要的浪费。

小窍门

过期洗发水洗毛衣

过期洗发水直接扔掉很浪费，其实可以当作很好的洗涤剂来洗毛衣。

小窍门

剩可乐清洗马桶

喝剩下的可乐是很好的去污剂，将可乐倒入泛黄的马桶中，浸泡10分钟左右冲洗，可有效去除污渍。

第三章 居住节能减排小窍门

1. 居住建筑

小窍门

户门安装有妙招

定制或加工防盗门时，可要求在门腔内填充玻璃棉或矿棉等防火保温材料，这样可以起到既节能又保温的效果。

小窍门

天花板保温

房屋装修吊顶时，在石膏板上装设保温材料，可以提高房屋保温性能。这对顶层特别有用。

小窍门

地板铺设保温

在安装铺设木地板时，将矿棉板、阻燃型泡沫材料等保温材料放置在板下，这样可以增加房屋的保温效果。

小窍门

窗帘保温隔热妙用

晚上开空调、暖气时，关闭窗户，将厚窗帘拉上，保温隔热效果更好。在炎热的夏季，早上出门前将窗户关上，将厚窗帘拉上，尽量减少室外热量进入室内，晚上回到家中，室外温度降低，再打开窗户，拉开窗帘，保持通风。

小窍门

安装遮阳设施

在窗户外安装遮阳设施，可以使住宅的隔热性能大大提高，夏季需要空调降温的天数相应减少。

小窍门

窗户节能

窗户散热主要有两个途径，一是窗户包括窗框和玻璃的传热耗热，二是窗户缝隙的冷风渗透。为减少采暖建筑的热能耗散，一是通过窗户加层，改用导热系数较小的框料以及阻断热桥等措施，减小窗户的传热系数，增强保温性能；二是通过改善窗户制作安装精度、加安密封条等办法，减少空气渗漏，减少冷风渗透耗热。

小窍门

双层玻璃窗保温

双层玻璃窗保温效果远远高于单层玻璃窗，这是因为两层玻璃之间形成一个密闭的空气间层，这个空气间层具有较大的热阻，从而使双层玻璃窗户具有更好的保温性能。

小窍门

使用镀膜玻璃更节能

镀膜玻璃表面涂镀有一层或多层金属、合金或金属化合物薄膜。这层镀膜改变了玻璃的光学性能，进而改善了玻璃的传热特性，能够大幅度地降低建筑能耗。

小窍门

使用保温隔热瓷砖

在外墙砖的表面复合上一层含金属铝或其他反射率高的材料生产出保温隔热瓷砖，可减少外墙面对太阳光能量的吸收。

小窍门

阳台隔热

在客厅与阳台之间安装的阳台门，可以起到很好的隔热保温作用。如果阳台比较宽，并且不是装的落地窗，可以在阳台依墙面做一排低柜，这样可以隔绝冷空气，从而达到保温的效果。

小窍门

合理利用自然光

在房间装修过程中，应将利用自然光考虑进装修设计方案，增加自然光照明就可以相应减少室内照明用电。

小窍门

屋顶绿化降温效果好

绿化屋顶可以降低室内温度。实验证明绿化的屋顶可以使室内温度下降4~6℃。因此有条件的别墅住户或住宅顶层用户可以通过屋顶绿化的方式降低室内温度。

小窍门

房屋保温层不要破坏

在家庭装修过程中，墙面的内保温层一定不要破坏，这是因为原有的保温层一旦破坏很难恢复，房屋的保温性肯定受影响。

2. 居住照明

小窍门

一盏灯一个开关

为避免不必要的电力浪费，尽量为每盏灯设置开关，以便灯具可以单开单关。

小窍门

尽量减少灯的开关次数

灯的寿命和开关次数有关，每开关一次，灯的寿命大约降低3天。因此应尽量减少灯的开关次数。

小窍门

照明灯具高度和位置影响照明效果

照明灯具装得越低，照度越高。如20瓦的日光灯，装1米高，照度是60勒克斯，0.8米高是93.75勒克斯，高度适当降低就可减少瓦数，节约用电。

小窍门

节能灯省电且使用寿命长

节能灯与同样亮度的白炽灯相比，可以节电80%。一个11瓦节能灯的照明效果超过60瓦的普通灯泡，而且节能灯的使用寿命可达8000小时以上，为白炽灯的8~10倍。

小窍门

日光灯管巧维护

日光灯管使用一段时间后两端会变黑，照明度降低。可以把灯管取下，将两端接触极颠倒一下。这样不仅可以将日光灯管的寿命延长一倍，还可以提高照明度。

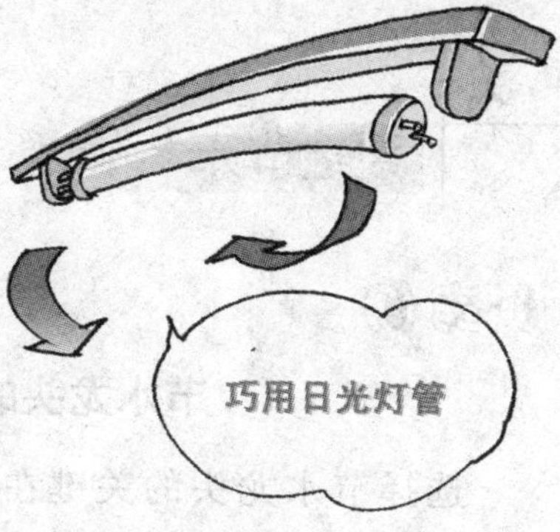

小窍门

充分利用反射与反光装置

如给灯配上合适的反射罩可提高照度，利用室内墙壁的反光可提高照度20%左右。

小窍门

关闭不用的灯

楼道照明尽量采用声控节电装置。房内无人时应记住熄灯。看电视时，只开所需电灯，不仅节省电能而且保护视力。

小窍门

卫生间可以安装感应照明灯具

如果为夜间使用方便，可在卫生间安装感应照明灯，可有效节电。

3. 住宅节水

小窍门

节水龙头的选择

选择节水龙头的关键在于开关的速度。灵敏的控制开关可缩短水流时间，节省水流量。变距式、自闭式等多种高新技术的新式水龙头封闭严密，感应灵敏，关闭速度只有老式水龙头的1/10，节水效果显著。

小窍门

水龙头下安装流量控制阀

对于橱柜内或浴室内不能控制水量的扳把式水龙头，可以安装流量控制阀门，以根据需要调整出水量，达到节约用水的目的。

小窍门

淋浴代替盆浴

淋浴一次平均消耗40升水，而盆浴则用水高达140升，淋浴与盆浴相比，不仅省水省电，而且更卫生。

小窍门

选用新型喷头

传统喷头喷出的水流是线形的，而新型淋浴喷头喷出的水流是颗粒状的，它的原理就是利用专业技术把水粉碎成千百万个细小的颗粒并与空气混合，这种喷头可节水40%~50%，水流强度反而比普通喷头大30%左右。

小窍门

洗浴排排队

家中有多人需要洗浴时，尽量避免一个人洗完后另一个人间隔很久才入浴，应该一个接一个的洗澡，这样可以尽可能减少热水流出前的冷水流失。

小窍门

浴前冷水勿浪费

可在浴室预备水桶、水盆，把热水流出前的冷水收集起来，用于洗衣、洗菜、拖地或者冲马桶。

小窍门

手洗小件衣物

尽量减少洗衣机使用量，小件衣物或者衣物很少时可以手洗。

小窍门

洗手洗脸莫忘节水

洗手洗脸时建议控制水龙头开关至中小水量,用洗面奶、洗手液或香皂揉搓时应及时关水。可以用一个脸盆或其他容器放在水龙头下面收集洗脸水用来冲洗马桶等，同时提倡使用面盆盛水洗脸、洗手。

小窍门

洗澡勤关水

在搓澡或用洗发水、沐浴液时应将喷头关闭，尽量缩短冲淋时间。

小窍门

洗浴水重复使用

淋浴时可以站立在一个水盆中，收集使用过的水来冲洗马桶或擦地板。

小窍门

不用流水洗衣物

不要利用洗澡的机会用流动的水洗毛巾、衣物、鞋子等东西，因为流水洗会比平时用盆洗浪费3~4倍的水。

小窍门

洗澡用水需适量

用浴缸或澡盆洗澡时，要根据需要适量放水。一般放水到1/2盆左右就够用了，盆浴后的水还可根据需要用来冲洗厕所和拖地等。

小窍门

洗漱不要长流水

刷牙期间应及时将水龙头关闭，避免洗漱过程中龙头水长流造成水资源的浪费。

小窍门

选用节水马桶

如果条件许可，要选用新型的节水马桶，这种马桶多为两个按钮，一个使用半箱水，一个使用整箱水，节水效果明显。

小窍门

老式马桶节水法

如果家中用的是非节水型的老式马桶，可以在水箱里放一块砖头或一个盛满水的可乐瓶，可以有效减少每一次的冲水量。但要注意放置时不妨碍水箱部件的运动，并定期检测，以免影响马桶的正常使用。

小窍门

马桶不是垃圾桶

不向马桶内倾倒剩饭菜或其他杂物，冲洗这些杂物会浪费很多水资源而且容易造成管道堵塞。

小窍门

避免水箱泄漏

发现水箱有漏水现象时应及时更换胶垫等配件，特别注意不要将洗洁精等清洁剂放入水箱中，这样容易造成水箱中胶皮、胶垫的老化，导致泄漏，从而造成浪费。

小窍门

海水冲厕

在一些沿海城市或岛屿，特别是在海边建设的住宅小区，在条件允许的情况下，可以建设一套用海水冲洗厕所的独立供排水系统，节约大量的淡水资源。

小窍门

卫生间安装男用小便器

在卫生间面积允许的情况下安装男用小便器，比单一的蹲、坐便有更好的节水效果。

小窍门

巧去水性污渍

茶壶、茶杯等容器内的水性污渍可以用萝卜根、黄瓜尾巴擦拭，不但清洁效果好还能减少清洁剂的使用。

小窍门

巧去黑霉菌

柠檬的边角可用来擦拭清洗脸盆、浴盆、马桶等卫浴设施上形成的黑色霉斑，减少清洁剂对水资源的污染。

小窍门

瓶瓶罐罐巧清洗

需清洗的玻璃瓶罐常有毛刷够不到的地方，可以把碎鸡蛋壳从瓶嘴装进去，再反复摇晃就可以清洁污渍，经济实惠又环保。

小窍门

养鱼节水

根据各种鱼的大小、习性和对水的要求，分门别类进行分缸饲养。注意按鱼的需要增氧补水，既考虑鱼的需求，又注意节水。

小窍门

养鱼水浇花

鱼缸里换出来的水由于含有鱼的粪便，具有一定的肥力，用这些水浇花比其他浇花水更有营养，还能达到节水效果。

小窍门

家庭用水小记录

可以把家中水表每天的读数记录下来，对每周、每月、一年的用水量做个统计，水费清晰明了，对有没有浪费水做到心中有数，有助于提高家庭成员的节水意识。

小窍门

中水利用

中水又称再生水、回用水，是对城市生活污水经简单处理后，达到一定的水质标准，可在一定范围内重复使用的非饮用水。中水可用于冲洗厕所、洗车、绿化、农业灌溉、工业冷却、园林景观等。

小窍门

收集利用空调冷凝水

空调使用时会排出冷凝水，在常温制冷或除湿工作时，1匹的空调每2小时大约可排出冷凝水1升。可在空调排水管下装一个可乐瓶来收集冷凝水。空调冷凝水的PH值为中性，非常适合用来养花、养鱼。

小窍门

收集利用雨水

可利用桶、缸等大口径容器来收集雨水，用以浇花、拖地等，节约自来水的使用。

4. 住宅节电

小窍门

合理设计电路

装修时要注意按需合理设计电线线路及墙面插座，尽量减少布线长度和插板数量，尽量减少电力损耗。

小窍门

夏季空调调高1℃

夏季制冷时，空调温度每调高1℃能节电7%，节能效果十分明显。

小窍门

空调功率应适宜

空调并非功率越大越好，而是要考虑房间大小。例如1匹空调适合12m^2左右的房间；1.5匹则适合18m^2左右的房间；2匹适合28m^2左右的房间；2.5匹适合40m^2左右的房间。

小窍门

变频空调好处多

普通空调在运行达到设定温度后会自动停机，待温度超过设定温度后再开机，如此循环以维持房间温度。而变频空调是在低频状态下稳定运行维持温度，大大减少环境温度的波动，从而提高舒适性，同时降低了能耗。

小窍门

空调制冷功率适中

制冷功率不足的空调，不仅不能提供足够的制冷效果，而且由于长时间不间断地运转，还会减短空调的使用寿命，增加空调产生使用故障的可能性。如果空调的制冷功率过大，就会使空调的恒温器过于频繁地开关，从而导致对空调压缩机的磨损加大，同时，也会造成空调耗电量的增加。

小窍门

常洗空调过滤网

应每隔两三个星期清洗一次空调过滤网，去除塞住网孔的灰尘，使空调处于最佳运行状态，保证制冷效果。

小窍门

空调机身应背阴

空调要尽量安装在房间的阴面，或者给空调加盖遮阳罩，避免阳光直射机身。

小窍门

关闭门窗开空调

使用空调的房间要关闭窗户，不要频繁开门，减少热空气渗入。对于有换气功能的空调或窗式空调，在室内无异味的情况下，无须经常开风门换气。

小窍门

空调配管宜短宜直

连接空调室内机和室外机的配管尽量短且不弯曲，以保证更好的制冷效果。如果配管不得已必须要弯曲，也要尽量保持配管处于水平位置，保证通气顺畅。

小窍门

保持空调出风口通畅

空调出风口应保持通畅，不要堆放杂物阻挡出风口散热，以免增加不必要的电耗。

小窍门

改进空调房间结构

为了减少冷气损耗，对于门窗缝隙较大的房间，可用胶带封住窗缝，并在玻璃窗外贴一层透明的塑料薄膜；朝阳的房间可使用遮阳窗帘；西晒的房间可在墙外涂刷白色涂料或在室内墙壁贴木制、塑料板等。

小窍门

合理选择冰箱容积

购买冰箱应根据家庭实际需要，不要购买过大的冰箱，导致冷藏能力闲置耗电。从我国居民的饮食习惯看，家用冰箱以每人平均容积50升左右为宜。因此，三口或四口之家可考虑选择150~220升左右的冰箱。

小窍门

选用节能冰箱

与普通冰箱相比，节能冰箱具有更强的保温性能,耗电更少。以一台268升的节能型冰箱为例，10~12 年可节省电费2000元左右，至少可以再买一台冰箱。

小窍门

合理摆放冰箱

冰箱应摆放在阴凉、通风的地方，远离热源，避免阳光直射。为了方便冰箱散热，摆放冰箱时左右两侧及背部都要留有空隙。

小窍门

食物凉后入冰箱

直接将热的食品放入冰箱会提高冰箱内部温度，增加耗电量。同时食物的热气还会在冰箱内结霜沉积，影响冰箱正常运行。因此热饭、热水应先凉置一段时间后再放入冰箱内。

小窍门

冰箱冷柜要密闭

要确保冰箱或冷柜门密闭性良好，防止冷气逸出，增加耗电。检查密闭性可在门间夹一张纸币，如果纸币可轻易拉动，则表明需要重新调节。

小窍门

尽量少开冰箱门

开启冰箱门时冷气会逸出，热气进入，频繁开关冰箱门不仅耗电，还会影响冰箱的冷冻效果。因此要尽量减少开门次数，取放物品时动作要快。

小窍门

食物储藏有说法

蔬菜、水果等水分较多的食物，应洗净沥干，用塑料袋包好后再放入冰箱。这样可以减少水分蒸发，缩短除霜时间，节约电能。

小窍门

避免反复冷冻

对于那些块头较大的食物，可根据家庭每次食用的分量分开包装，一次只取出一次食用的量，而不必把一大块食物都从冰箱里取出来，用不完再放回去。避免反复冷冻浪费电力，破坏食物。

小窍门

提前解冻法

上班前把当天要吃的食物从冷冻室移到冷藏室,下班时食物就解冻了，微波炉也不需要因解冻程序而耗费电量，同时冰箱的冷藏柜也可以利用解冻的冷气保持环境低温，节省耗电。

小窍门

紧密包装冷冻物

冷藏时，包装不善会使食品味道散逸并变干，食品中散逸的水分还会结霜沉积，影响冰箱正常运行，因此紧密的包装效果最好。

小窍门

整理冰箱食品摆放

为促进冰箱内冷气流通，摆放食品时不宜过多过挤，食品之间应留有空隙。

小窍门

恰当选择制冷温度

冰箱制冷温度并不是越低越好，而应根据所存放的食品而定。如鲜肉、鲜鱼的冷藏温度是-1℃左右，鸡蛋、牛奶的冷藏温度是3℃左右，蔬菜、水果的冷藏温度则在5℃上下。

小窍门

巧用冰箱温度调控器

根据季节及时调整冰箱的温度调节控制器，是省电的关键。夏天调温旋钮一般调到“4”处，冬天调到“1”处。

小窍门

冰箱及时除霜

冰箱冷冻室挂霜太厚会减弱制冷效果，一般霜厚度超过6毫米就应该着手除霜。

小窍门

晚间制冰效率高

夏季大家喜欢自制冰块和冷饮，为提高效率，最好安排在晚间。晚上气温较低，有利于冷凝器散热，同时夜间较少开冰箱门存取食物，压缩机工作时间较短，节电高效。

小窍门

合理选择电视机尺寸

购买电视机时不要盲目求大，要根据房间大小合理选择尺寸。大尺寸的电视机，耗电大，观看距离也较远，适合较大的房间；反之，小房间则要挑选尺寸小一些的电视机。

小窍门

合理调节电视亮度

电视机在使用时，屏幕的亮度与耗电量密切相关。以20英寸的彩色电视机为例，屏幕亮度最高时功耗85瓦，最低时功耗仅55瓦。因此合理选择屏幕亮度，既护眼又省电。

小窍门

调低电视机音量

电视机在使用时，每增加1瓦的音频功率就会增加3~4 瓦的功耗，因此音量越大越耗电，同时音量过大也有可能损坏喇叭。所以音量开得要适中，既省电，又不会干扰他人。

小窍门

AV制式观影碟

在家观看影碟时，应将电视机制式调到AV状态下，因为该制式下信号是直接接入电视机的，减少了电视机高频头工作，从而减少耗电。

小窍门

电视及时关电源

看完电视后，不能只用遥控器关机，而要及时关掉电视机上的电源。因为遥控关机时，电视机仍处在整机待机状态，电视机每待机10小时将耗电半度左右。

小窍门

加盖电视防尘罩

灰尘进入电视机可能导致漏电，不仅会增加电耗，还会影响图像质量和伴音质量。因此最好给电视机加盖防尘罩，防止电视机吸入灰尘。

小窍门

合理使用电视机

收看电视节目时，不要频繁开关电视机。如果电源电压变化过大，最好用稳压器。白天要避免阳光直射电视屏幕。

小窍门

巧用电热水器

储水式电热水器在储存热水过程中存在热损失，而且水温越高热损越大，因此要选用保温效果良好的机种，不要一下把水烧到过热，温度适宜就好，这样可以减少热损失，节约用电。

小窍门

缩短热水器管道

安装热水器时应尽量靠近热水使用处，避免供水管道过长而带来的热量损失。

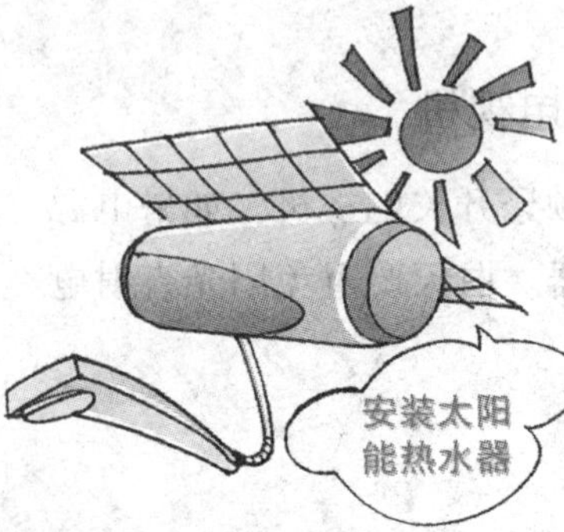

小窍门

选用太阳能热水器

按照中国家庭的生活方式，每个家庭安装2平方米采光面的太阳能热水器，就可以满足全家生活70%的热水需要。

小窍门

选择具有认证标志的产品

在选购电热水器时，尽量选择具有国家节能产品认证中心（CECP）颁发的“中国节能产品认证标志”的产品，节电效果明显。

小窍门

热水器大小要适宜

选择储水式电热水器时应根据家庭人口数来定容量。一般每人20~25 升为宜，例如三口之家购置60~75 升的电热水器即可。

小窍门

不同季节巧用电热水器

在使用电热水器时，应根据不同季节灵活设定温度，达到节能的目的。夏季自来水温及环境温度较高，可将水温设定在40~60℃范围内；冬季自来水温及环境温度较低，可将水温设定在60~75℃范围内，这样既能满足洗浴要求又节约用电。

小窍门

保持电热水器保温状态

如果家中每天都需要使用热水，保温状态其实更省电，将用剩的热水保温比把凉水加热到相同温度所用的电量少，因此当电热水器的保温效果比较好时，应该让电热水器始终通电，并设置在保温状态上。

小窍门

长期不用时拔掉热水器电源插头

三五天或更长时间不使用电热水器时，应该拔掉电源插头，这样可以节省因持续保温所消耗的电量。

小窍门

定期清洁燃气热水器

燃气热水器使用一段时间后，换热器翅片上会堆积一些灰尘，降低换热效率，同时灰尘还可能堵塞燃烧烟气通道，带来危险。因此应定期清洁换热器翅片，安全节能。

小窍门

选购质量过硬的电风扇

风扇在运转时摩擦阻力越小，耗电越省。因此应尽量选择那些采用全封闭电机和航空润滑油的风扇。在选购时，知名品牌风扇质量比较有保障。

小窍门

多使用电风扇

风扇能直接将电能转化为动能，耗电量低，最高功率仅60瓦，相当于一盏普通照明台灯。因此盛夏季节使用风扇是节能的最佳选择。将空调搭配风扇同时使用，设定空调温度为26~28℃，配以风扇辅助，舒适又省电。

小窍门

电风扇大档换小档

电风扇的耗电量与扇叶的转速成正比。在风量满足使用要求的情况下，尽量使用中档或慢档。在使用时，先开快档，在达到降温目的后多用慢档以减少电风扇耗电。

小窍门

风扇放在门窗旁

为了提高降温效果，风扇在使用时最好放置在门、窗旁边，促进空气流通，使用中慢档即可达到良好效果，减少耗电量。

小窍门

及时清洁吸尘器过滤袋

吸尘器在使用过后，过滤袋中的灰尘若不及时清除，会减弱吸尘器的吸力，降低吸尘效果，增加耗电量。

小窍门

选对吸尘器吸嘴

为达到最佳的清洁效果，缩短吸物时间，应依据不同情况选择不同类型吸嘴。如清洁沙发应选用家具垫吸嘴；清洁书柜或天花板应选用圆吸嘴；清洁地毯或地板应选用地毯、地板两用吸嘴；而清洁墙角或墙边时应选用缝隙吸嘴。

小窍门

吸尘器工作时间不宜长

为避免损坏电机，不要长时间连续使用吸尘器，一般不超过2小时，这样可以维持最佳吸力,提高工作效率。

第四章

出行节能减排小窍门

1. 汽车

小窍门

拼车出行

拼车出行是指私家车主在不影响自己出行的情况下，顺路捎带他人到达目的地的行为，拼车时车主可收取少量成本。拼车出行可有效减少机动车使用，节省燃油，减少排放。

小窍门

选用节油车型

私家车的日常开销主要是燃油，节油从选购车型开始。一般来说，小排量汽车适合家用；普通家用车比运动型车及跑车更省油；新款轿车发动机节油性能较好，可尽量选购新款车型。

小窍门

选择浅色车型

选择颜色较浅的车色和内装，可以减少烈日下车身吸热，降低车载冷气负荷，达到节省燃油的目的。

小窍门

选择低阻车型

购车时，应尽量选择造型圆润流畅的车型，这样车身风阻系数小，油耗也会显著下降。

小窍门

燃油回路加装节油器

使用节油器可提高燃料燃烧率，节省5%~10%的燃油费用；同时能够消除发动机积碳现象，从而延长发动机寿命，使发动机功率输出更加平稳，减少20%的有害尾气排放。

小窍门

采用汽车隔热措施

汽车隔热最立竿见影的措施就是配置具有高隔热性能的汽车玻璃贴膜，如吸收热量的薄膜、反光式的金属薄膜、光谱选择性金属薄膜、光谱选择性陶瓷薄膜等。在炎热的夏天，这种做法可使车内温度降低5~10℃，大大降低了车内空调负荷及油耗。

小窍门

定期保养发动机空气滤清器

空气滤清器的保养方法十分简便，定期拆开空气滤清罩的盖子，取出滤芯查看，如脏得不厉害，用一小棍子轻轻敲敲滤芯掸去污垢即可，如脏得很厉害，就要换新的滤芯了。

小窍门

清除发动机积炭

发动机燃烧室积炭太多，容易引起燃烧室内可燃混合气自燃，造成发动机功率下降，增加油耗。因此在二级保养和因其他原因拆卸气缸盖时应顺便认真清除燃烧室和活塞顶部的积炭，减少不必要的油耗。

小窍门

定期活化蓄电池

蓄电池电量不足会增加整车运行的油耗。每两三个月对蓄电池进行一次“活化”处理，可恢复96%以上的蓄电池容量，并使蓄电池达到其设计使用寿命。

小窍门

维护消声器

由于消声器是安装在排气管中的，因此它多少都会阻碍废气的排出，消耗部分功率。如果消声器损坏，则会进一步阻碍废气的排除，增加油耗。在平时行驶过程中，要注意消声器的防锈工作，如在消声器内部加涂防锈油等。

小窍门

定期更换火花塞

火花塞能将高压电引进发动机的气缸内，在电极间产生火花，点燃混合气。火花塞的工作状态、火花塞间隙的大小以及积碳的多少，都会直接影响汽车功率和耗油。一般来说，每行驶4 万公里就要考虑更换火花塞，使发动机处于最佳状态，减少能耗。

小窍门

定期保养发动机

发动机长久失调会多耗燃油，因此要定期对发动机进行预防性保养。

小窍门

用粘度最低的发动机油

发动机油粘度越低，引擎就越“省力”，油耗也就越低。因此尽量选用低粘度的发动机油可以达到省油的目的。查看一下您的汽车说明书，一般都有说明汽车所能用的最低粘度发动机油。

小窍门

保持冷却水箱的清洁，定期更换机油

水箱中积存杂质过多、机油不足时都会导致散热不畅及摩擦增大，影响发动机功效，增加油耗。因此需要定期给水箱换水，及时更换机油、“三芯”等，保证通风口畅通。

小窍门

使用汽油清净剂

对于使用年限较长的汽车来说，使用汽油清净剂带来的节油效果比较明显。而对新车来说，汽油清净剂也能保持新车燃油系统油路顺畅，保持喷油嘴、进气阀清洁，使新车油耗长期保持在最佳水平。

小窍门

轮胎越窄越省油

车轮阻力与轮胎宽度密切相关，轮胎宽度大则车轮的阻力也相应增大。因此除非的确很需要额外的抓地能力，否则不要随意增加轮胎宽度，增加油耗。

小窍门

车身勤保养

车身出现凹陷等形变会增加汽车行驶过程中遇到的气流阻力，增加油耗。因此要勤于保养车身，使其保持良好状态。另外，有些华而不实的装饰品，也同样会增加阻力，增加油耗。

小窍门

策划路线好出行

走错路不但浪费燃料，而且浪费时间。因此要养成出行前预先策划好行车路线的习惯。

小窍门

根据路况巧驾车

驾车上坡时应衡量一下车子的负重和路面的坡度，不要一下把油门踩到底导致用油过多。下坡时多使用低档辅以制动，既可避免车速提升过高，也可以减低对制动的损耗，降低油耗。

小窍门

交通堵塞难行进，停车即熄火

节油试验证明，发动机空转3分钟的油耗可以让汽车行驶1公里。为了避免发动机空转耗油，在交通堵塞难以行进的时候，超过3分钟的堵塞，或是前面被堵车辆不见头的情况都应熄火等待。

小窍门

避免低速档长时间行驶

汽车在行驶时，只有发动机、加速踏板、档位三位一体配合默契方能输出最佳动力。“超前”或“滞后”的档位都将形成“拖档”，增加油耗。所以，行车时要尽量避免低速档行驶，一旦条件允许，就要用上高速档位，并将时速保持在中速，这种状况下汽车最省油。

小窍门

不要超速行驶

汽车行驶过程中，都有自己的经济车速，在此车速下行驶耗油量最低。对于一般汽车而言，80公里的时速是最省油的速度，每增加1公里的时速，耗油量就增加0.5%。

小窍门

避免车辆超载

统计显示，汽车在超载行驶时，每增加1千克的负荷，将增加1 %的油耗。因此，一定要避免超载。

小窍门

清理后备箱

后备箱杂物过多，会增加车辆重量，过重的车辆在行驶时会更费油。

小窍门

保持正常胎压

轮胎气压不足时滚动阻力会大大增加，轮胎偏移或磨损过度也可能使油耗增加。因此需要定期检查胎压，并根据需要进行轮胎换位。

小窍门

柔踩油门

汽车行进要加油，加油一定要“柔”。一辆车耗不耗油，很大程度取决于驾车者的加油方法。想省油，柔踩油门是关键，切忌猛踩猛踏，否则发动机在瞬间高速运转，事倍功半。

小窍门

保持车距

城市交通中由于红绿灯较多，车辆频繁起停。车辆行驶过程中要与前车保持足够的距离，这样在前车突然制动时，自己能有足够的反应时间，不必频繁制动，既安全又省油。

小窍门

高速行驶关车窗

车辆在高速行驶过程中，空气阻力相当大，是油耗增加的主要原因。因此如无必要，在高速行驶时尽量不要打开车窗，这样可以减少风阻，达到省油的目的。

小窍门

根据标号选择匹配燃油

车用汽油的标号是根据它们的辛烷值单位来规定的，但同时还有其他指标如抗爆性、安定性、蒸发性和腐蚀性等。使用与车匹配的燃油可节省燃料，延长发动机寿命，同时减少汽车尾气的污染。

小窍门

加油适量

如果汽车基本上只在市区行驶，且加油比较方便，则加油时不必一次加满。加足满满一箱油会增加自重，徒增油耗。特别是新车，不要第一次就一下子加满，因为这有可能会使油浮及传感器失灵，导致油表失真。

小窍门

选用节水方式洗车

普通水枪洗一辆车需要100升水，造成很大浪费，尽量选用节水方式洗车，如高压水枪洗车、微水洗车、蒸汽洗车、干洗等方式，大大降低用水量，节水60%~80 %。

2. 电动自行车

小窍门

人电配合效用最大

骑驶电动自行车时要达到既省力又省电的目的，最好的方法应是“人助车行，电助人行，人力电力联动”，这样才会人省力、车省电，同时延长电动车使用寿命。

小窍门

脚踏启动

具有零启动功能的电动自行车，单靠电力启动时，所需电流较大，耗能较多，同时易损坏电池。因此在启动时应先用人力脚踏骑行，然后再开启电动加速，切忌原地加速。

小窍门

缓加速

电动车在骑行中，若需加速，应缓慢旋转调速手把，避免直接加速至最快档。骑行中应尽量避免频繁刹车、启动，节约电能，同时可延长电池和电机寿命。

小窍门

保持合适的速度

安全行车测验表明，电动车在时速为20公里时电机电压输出最优。因此以此速度行驶最省电。

小窍门

根据路况行驶

骑行电动车时尽量少走颠簸路。如遇上坡、上桥、逆风时尽量不要带人或带太重的物体行驶，同时采用脚踏助力，这样可以避免电池超大电流放电，从而避免对电池使用寿命的影响。

小窍门

保持电池健康态

电动车在闲置不用时最容易发生蓄电池亏电状态。亏电状态是指蓄电池在使用后没有及时充电，在这种状况下存放电池，很容易损坏电池。蓄电池在亏电状态持续的时间越长，电池损坏越重。因此，当电动车闲置不用时，应记得给蓄电池每月充电一次，保持电池健康状态。

小窍门

把握充电时间

电动车尽量使用到续行里程的60%~70%之后充电。注意依据电池厂家提供的容量大小说明，以及配套充电器的性能、充电电流的大小等参数把握充电频次。蓄电池平均充电时间在8小时左右，最好在夜间进行，这样可以保证充电时间。另外也要注意充电不要超时，以免电池失水、发热，降低电池寿命。

小窍门

电池避免高温曝晒

曝晒引起电池温度过高会降低电池活性，加速老化。温度过高也会使蓄电池过度失水，降低使用寿命。

小窍门

保证充电电源插头接触良好

充电时应先接电池，再接电源，结束时先拔出充电器的电源插头，然后再将充电器从电池上拔下。充电器输出插头松动、接触面氧化等现象都会导致充电插头发热，发热时间过长，会损害绝缘层，带来不必要的损失。所以应及时清除氧化物或更换接插件。

第五章

生活用品节能减排小窍门

1. 日常用品

小窍门

减少一次性用品使用

除了减少使用一次性筷子、餐盒等餐具，在宾馆住宿时也应尽量自己携带生活用品，减少牙具、香皂、毛巾等一次性物品的使用。

小窍门

重复使用塑料袋

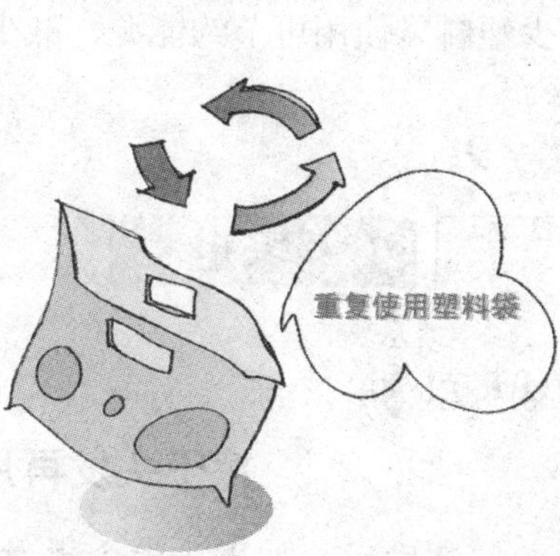

调查表明，如果购物袋被重复使用一定次数以上，其环境效益远

大于任何一种一次性购物袋（包括塑料袋、纸袋和可降解塑料袋）。可选取干净结实的塑料袋随身携带，在购物时用自带的塑料袋而减少使用商店提供的塑料袋。被弄脏的塑料袋可用于装垃圾或洗干净后再使用。

小窍门

巧用果冻包装袋

有拉链、容积也比较大的果冻包装袋，可用作出差时的化妆袋，从而减少塑料袋的使用。

小窍门

使用环保布袋

买菜时随身携带布袋，尽量减少塑料袋的使用。减少塑料袋使用可节约能源，减少有害气体排放。

2. 小型家电

小窍门

擦干头发再用吹风机

洗发后，如果头发含水过多，先用毛巾将头发擦干些，再使用吹风机，可以节省吹发时间和降低热风的强度，从而达到降低耗电量的目的。

小窍门

保持吹风机清洁

使用时，为避免阻碍冷热风的流通导致风压的增加，降低风机的效率和使用寿命，应避免让异物掉入吹风机内，或堵塞吹风机的进出风口，此外应定期清理吹风机的进出风口。

小窍门

清理饮水机内部水垢

饮水机内部水垢需及时清理，以避免水垢影响电热盘传热效率，增加耗电量。

小窍门

无人时关闭饮水机

夜里入睡前以及白天家中无人的时候，下班

之后办公室无人的时候，应切断饮水机电源，避免耗费电能。

3. 通讯工具

小窍门

新电池充电

新买的锂电池手机，前3~5次充电应充14小时以上，以保证充分激活锂离子的活性，使电池在日后的使用中达到最佳效能，从而达到节能的目的。

小窍门

慢充电

充电时尽量以慢充方式充电，减少快充方式。充电前，锂电池不需要专门放电，放电不当反而会损坏电池。镍镉电池充电前必须保证电池完全没电，充电时必须保证电池充足电。

小窍门

关闭手机再充电

在充电的过程中，如果有外来电话时，可能会产生瞬间回流电流，对手机内部的零件造成损坏，因此开机充电会减少手机寿命。

小窍门

充电勿超时

手机电池充电时不是时间越长越好，电池会因为过充消耗能量并发热，影响性能，缩短使用寿命。

小窍门

减少充电次数

电池的充放电次数是一定的，为延长手机的使用寿命，应尽量避免电池有余电时充电，在每次充电时，还要确保电池电量被充满后再进行使用，这样能防止手机待机时间缩水。

小窍门

存放避免高温严寒

避免将电池暴露在高温或严寒下，经受烈日的曝晒，或拿到空调房中放在

冷气直吹的地方。这些都会加速电池内部材料和电解液的老化，影响电池的使用寿命和效果。

小窍门

手机电池闲置时的保养

长时间闲置的手机电池都存在自放电现象，长期不用时，应使电池和手机分离，减轻电池电能消耗。同时将电池放置在干燥、阴凉的地方保存。

小窍门

使用专用充电器和专用插座

锂离子电池必须选用专用充电器，尽量使用原厂或声誉较好品牌的充电器，否则可能会达不到饱和状态，影响其性能发挥。在给电池充电时，尽量使用专用插座，不要将充电器与电视机等家电共用插座，这样会造成电压的波动，影响充电效率和家电的电池使用寿命。

小窍门

调节手机背景灯

缩短节电保护等待时间和背景灯时间。在白天，可以关闭手机的背景灯。彩屏机的LCD也是耗电大户，虽然它们看起来很漂亮，但那些动画式的待机图片、3D菜单界面，都会让你的电池更快用完，在可以接受的前提下，尽可能降低屏幕的亮度，并且不要经常开启它的背光灯，可充分节约电能，并延长电池的使用寿命。

小窍门

调节手机铃声

在室内可以调低铃声音量，关闭振动提示功能，可以最大限度地节约电能。

小窍门

减少不重要功能使用

手机中的每一项功能，都是需要消耗电量的，为了节省有限的电池电量，少用附加功能，如用手机玩游戏、上网、听歌、看小说等。另外注意节省通话时间，也可以延长充电周期。

小窍门

定时开关机

每天晚上定时关机，早上定时开机，不仅节电，还可以使电池有休整的时间，延长使用寿命。

小窍门

恶劣天气中少用手机

在雷雨、台风等恶劣天气条件下，手机会通过加大功率的方法来保证信号的正确传送，而加大功率的直接后果是导致手机耗电量加大，缩短待机时间。

小窍门

避免在密封环境下使用手机

在地下室、公交车或密封性比较好的室内环境中进行通信时，手机需要提高功率来确保信号能正常穿透天花板、墙壁或其他遮挡物，功率的提高是以多耗电能为代价的，这样也会多耗费手机电池的电量。

小窍门

乘车时少用手机

乘车时，由于移动的速度较快，手机从一个网络节点移向另一个节点，手机会不断地搜索、重新连接到新地区的通讯网络，这样需要消耗很多电能，而如果这时使用手机，就会加重手机电池的负担，不仅耗能大，而且影响电池的使用寿命。

小窍门

减少手机翻盖次数

由于折叠手机在翻盖过程中不断的导通和切换电路，这样也会消耗很多的电能，因此要尽量减少翻盖次数，用耳机接听电话不失为一个好方法。

4. 护肤、清洁用品

小窍门

少买独立包装的物品

购买商品，应遵循包装简单的原则，多买家庭装或补充装，少买独立包装的物品，这样就可以减少包装材料的使用，削减废弃包装物垃圾的产生，避免无谓的浪费。

小窍门

拒绝过度包装

过度包装不仅加重了消费者的经济负担，同时还增加了垃圾量，污染了环境，特别是华丽的包装多采用鲜艳和难降解的材料，对环境的危害尤其巨大。尽量减少这类商品的消费可以刺激商家少生产，从而节约能源。

小窍门

使用挤牙膏器

挤牙膏器也称挤牙膏夹，适用于管装产品，如牙膏、洗面奶、鞋油等。管状包装的产品，由于管口一般设计较小，内壁和管口内的残余用到最后经常挤不出来，如果直接丢弃，不仅造成浪费，而且残留物会污染环境，挤牙膏器可以方便地把这些残余物质挤出来，减少浪费，避免污染环境。

小窍门

剪开包装再用

除了使用挤牙膏夹，牙膏、洁面乳、护手霜等用塑料软管包装的日用品，在挤不出来的时候还可以用剪刀从中间剪开塑料包装，残留在里边的牙膏、洁面乳还可以用好长时间。

小窍门

用剩的小块肥皂粘起来用

用剩的香皂、肥皂头单独使用会很不方便，这时可以用水稍微泡一下粘在下一块肥皂上面，然后晾干一段时间，使二者结合紧密，这样就可以方便使用，循环往复，也可以完全发挥每一块肥皂的作用。

小窍门

少用清洁喷剂

环境专家认为，清洁喷剂含有磷、氮、活性阴离子等多种有毒有害的挥发性化学物质，大部分属易燃品，部分还含有破坏大气臭氧层的物质。大量使用清洁剂虽然换来自家环境的暂时整洁，却对自然环境造成了污染，得不偿失。

5. 其他

小窍门

干电池排序分段使用

不同的电器对电池的电量和电压要求不同，当手电筒灯光变暗时，可以将电池装在普通晶体管收音机里继续使用一段时间。晶体管收音机声音变小了，可以把电池装在晶体管闹钟里使用，能够正常运行几年，充分释放干电池中的电能，避免浪费，同时能够降低废干电池中强酸强碱的含量，便于处置处理。

小窍门

干电池交替间歇使用

干电池短期停用休整后，电压和电流强度会得到一定的恢复，因此你可以买两套电池，标上记号，第一套使用，第二套备用。当第一套电池耗电1/3后，更换第二套电池，当第二套电池使用1/3后再换回第一套电池。

小窍门

干电池新旧分用

如果把新、旧电池混在一起用，由于电池电压和内阻的差异，旧电池内的电阻较大且端电压低，实际上旧电池就成了电路中的一个电器，会把新电池中的电白白消耗掉，而且一直消耗到新、旧电池的电压相等时才停止。因此，新旧电池不能合在一起使用，否则会造成很大的电能浪费。

小窍门

干电池放在电冰箱里保存

不用的干电池由于内部化学物质的自身反应会缓缓放电，如果把干电池放在塑料袋中送入电冰箱里保存，则可达到延长其使用寿命的目的。

小窍门

手电筒内电池不用时应反装

手电筒不用时，可将后一节电池反转过来放入电筒内，因为两个电池的电压和内阻相当，反接后可以使整个回路的电压和电流都趋近于零，可以减慢电池自然放电，延长电池使用时间，这样还可避免因遗忘使电池锈蚀手电筒内腔。

小窍门

优先选用充电电池

一般的充电电池虽然价格要比干电池贵一些，但是由于技术的不断进步，大部分都可以通过充电过程，重复使用成百上千次，所以长期大量使用电池时，尽量使用充电电池代替一次性电池，不但可以减少一次性电池的污染，还可节约成本，避免浪费。

小窍门

废电池集中回收

据测定: 一颗纽扣电池产生的有害物质，能污染60万升水，相当于一个人一生的用水量，并可造成永久性公害。因此，对废旧电池集中收集，进行回收利用，将有效减少污染物质的排放。

小窍门

巧制废旧塑料瓶漏斗

废的饮料瓶如雪碧，可乐之类，一般选用的塑料都是比较干净和无毒的，也比较结实耐用。将废塑料的饮料瓶从瓶口7～8厘米处剪下，去掉瓶盖，倒过来就是个简易的漏斗，可以长期使用。

小窍门

废旧塑料瓶笔筒

如果将做漏斗余下的塑料瓶再剪去一截，用漂亮的包装纸包好，固定在书桌上，可当作笔筒使用。

小窍门

废旧塑料瓶喷壶

在塑料瓶的盖子上钻几个小孔，注满水后倒过来，便成了浇花喷壶。

小窍门

环保安全型烟花爆竹

减少燃放烟花爆竹或用环保安全型烟花爆竹替代，可减少二氧化硫和氮氧化物的排放，而且可以减少烟花爆竹生产和运输过程中产生的环境污染和对公众安全的威胁。

小窍门

节能健身产品

大部分的健身过程是消耗人体自身能量的过程，健身节能产品将运动产生的机械能转化为电能，健身的同时生产清洁环保的能量。例如健身发电车，健身发电车不仅不需要电，而且还能发电，可边健身边看电视，从而避免使用外接电源的浪费。

小窍门

节能健身方式

大部分专门的健身场所和健身设备器材都需要消耗电能，至少在生产和运行过程中是会消耗很多资源和能源。选择节能的健身场所和方式，如健步走、瑜伽等等，尽量减少进入夏季滑雪场的次数，不仅可以节能环保，还可以多接触自然，有助健康。

第六章

娱乐活动节能减排小窍门

1. 影碟机

小窍门

VCD/DVD不用时应拔掉电源插头

VCD/DVD不看时应拔掉电源插头，因为此时电源的指示灯还亮着，这样也会浪费部分电能，别看功率不大，但由于持续的时间一般较长，所以浪费的电能也很多。

小窍门

VCD/DVD音量应适当

VCD/DVD音量过大用电会增多。声音开得要适中，既省电，产生的噪音也较小，也不会干扰邻居，对自身的影响也较小。

小窍门

给VCD/DVD加盖防尘罩

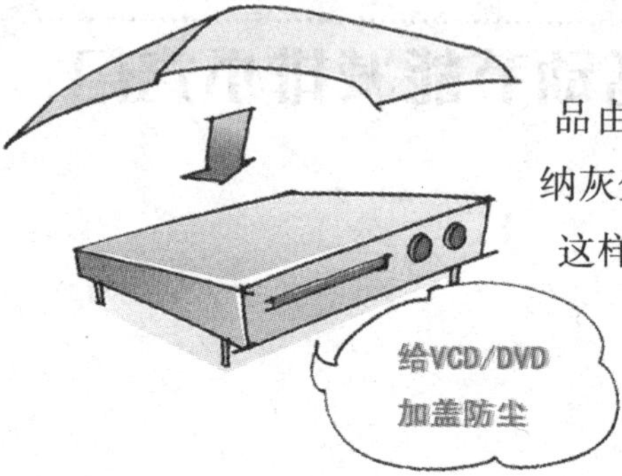

VCD/DVD等电子产品由于电流效应，容易吸纳灰尘，最好加盖防尘罩，这样可防止VCD/DVD吸进灰尘，因为灰尘多了不仅会影响电器的美观而且容易造成漏电，不仅增加电耗，还会影响音质和电器的使用寿命，严重时会造成事故。

2. 数码相机

小窍门

避免频繁使用闪光灯

闪光灯的充放电过程中会消耗大量的电能，而普通白天的光源强度对于一般的数码相机来说是足够的。所以应避免频繁使用闪光灯，尽量使用光圈优先模式。

小窍门

适当关闭液晶屏

液晶屏是数码相机最耗电的部件，如果在电量不多的情况下，可以关闭液晶屏，用取景器来调整画面构图。一部数码相机，在关闭液晶屏后，电池可以使用的时间是原来时间的3倍左右。

小窍门

少用连拍和动态短片拍摄功能

尽量少用连拍功能和动态影像短片拍摄功能，因为这些功能的完成是利用机身内置的缓存来暂时保存所拍画面，所耗电量很多。

小窍门

相机维护要细心

不要让镍氢电池的正负两极同时接触导体；锂电池的用户应保持相机电池盒内的电池正负极接触点的洁净；不能使用具有溶解性的清洁剂清洁数码相机、电池，或是充电器。

3. MP3

小窍门

谨慎开启音效及均衡器

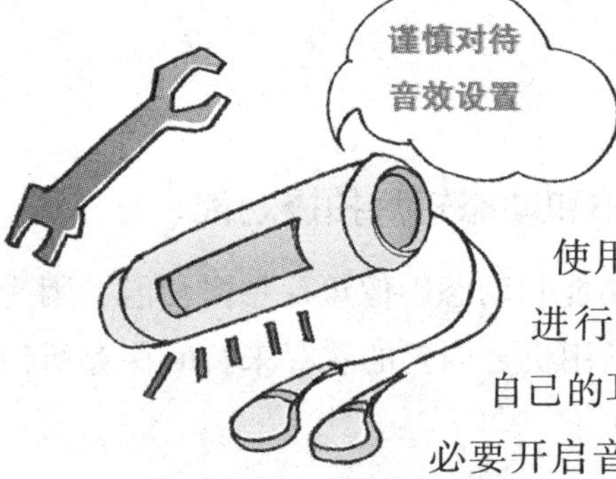

音效对播放时间的影响很小，如果觉得自己的耳机不合耳，可以使用音效模式或均衡器进行调整。如果大家对自己的耳机很适应，就没有必要开启音效模式和均衡器，从而更加省电。

小窍门

缩短背光时间

背光时间定在10秒左右比较适合，开的时间太长用处不大，只要看清楚所需要的信息即可，因为这个动作也是比较耗电的，这样可以节约电能。如果外出郊游，光线良好，可以直接设置关闭背景光。

小窍门

养成好的使用习惯

例如，暂时不听MP3时，别忘记按停止播放按钮。当MP3播放器支持自动关机功能时，一定要打开这个实用的功能。

小窍门

及时锁定播放键

MP3播放器在使用过程中应及时锁定播放键，避免无意按压开机，浪费电量。

第七章 其他领域节能减排小窍门

1. 校园节能减排

小窍门

教材重复使用

使用时珍惜教材，避免在其中标记，以供下届学生使用，可大幅度降低校园教材耗纸耗能量。据估计，若全国有三分之一的教科书重复利用，全国一年可减少耗纸20万吨，减少二氧化碳排放61万吨，合计节约能源约25.7万吨标准煤。

小窍门

设置废纸回收箱

校园用纸量巨大，如能设置回收箱对废纸加以回收利用，可节材节能。

小窍门

公共浴室智能化改造

对学校的公共浴室进些智能化改造，采取按量收费的方式，可有效避免洗浴热水的浪费，有效节水节能。

小窍门

电表进实验室

为实验楼内各实验室单独配设电表，定期考核评估，可有效提高监督效力，节约电能。

小窍门

绿地景观节水灌溉

校园内绿地、景观区的灌溉用水占据一定比例，采用滴灌、喷灌等节水灌溉方式，可节水60%左右，省水省电。

2. 办公室节能减排

小窍门

办公电脑设置合适亮度，节电又护眼

将电脑显示器亮度调整到一个合适的值。显示器亮度过高既会增加耗电量，也不利于保护视力。

小窍门

为办公电脑设置合理的“电源使用方案”

为电脑设置合理的“电源使用方案”，短暂休息期间，可使电脑自动关闭显示器；较长时间不用，使电脑自动启动“待机”模式；更长时间不用，尽量启用电脑的“休眠”模式。坚持这样做，每天可至少节约1度电，还能延长电脑和显示器的寿命。

小窍门

使用耳机听音乐，减少音箱耗电量

在用电脑听音乐或者看影碟时，最好使用耳机，以减少音箱的耗电量。

小窍门

办公电脑配置要合适

选择合适的电脑配置。例如，显示器的选择要适当，因为显示器越大，消耗的能源越多。一台17英寸的显示器比14英寸显示器耗能多35%。

小窍门

关掉不用的程序

使用电脑时，应养成关掉不用的程序的习惯，特别是MSNMessenger、桌面搜索、QuickTime、无线设备管理器等服务程序，在不需要的时候把它们都关掉。

小窍门

办公电脑屏保画面要简单、及时关闭显示器

屏幕保护越简单越好，最好是不设置屏幕保护，运行庞大复杂的屏幕保护可能会比你正常运行电脑更加耗电。可以把屏幕保护设为“无”，然后在电源使用方案里面设置关闭显示器的时间，直接关显示器比起任何屏幕保护都要省电。

小窍门

办公电脑尽量选用硬盘

要看 DVD或者VCD，不要使用内置的光驱和软驱，可以先复制到硬盘上面来播放，因为光驱的高速转动将耗费大量的电能。

小窍门

办公电脑禁用闲置接口和设备

对于暂时不用的接口和设备如串口、并口和红外线

接口、无线网卡等，可以在BIOS或者设备管理器里面禁用它们，从而降低负荷，减少用电量。

小窍门

电脑关机拔插头

关机之后，要将插头拔出，否则电脑会有约4.8瓦的能耗。

小窍门

打印机共享，节能效更高

将打印机联网，办公室内共用一部打印机，可以减少设备闲置，提高效率，节约能源。

小窍门

运用草稿模式，打印机省墨又节电

在打印非正式文稿时，可将标准打印模式改为草稿打印机模式。具体做法是在执行打印前先打开打印机的“属性”对话框，单击“打印首选项”，其下就有一个“模式选择”窗口，在这里我们可以打开“草稿模式”（有些打印机也称之为“省墨模式”或“经济模式”），这样打印机就会以省墨模式打印。这种方法省墨30%以上，同时可提高打印速度，节约电能。打印出来的文稿用于日常的校对或传阅绰绰有余。

小窍门

断电拔插头

下班时或长时间不用，应关闭打印机及其服务器的电源，同时将插头拔出，待机模式也会消耗电能。

小窍门

电脑需要经常保养

电脑主机积尘过多会影响散热，导致散热风扇满负荷工作，而显示器屏幕积尘也会影响屏幕亮度。因此平时要注意防潮、防尘，并定期清除机内灰尘，擦拭屏幕，既可节电又能延长电脑的使用寿命。

小窍门

显示器的使用

电脑只用来听音乐时，可以将显示器亮度调到最暗或干脆关闭；电脑关机后也要随手关掉显示器。

小窍门

打印尽量使用小号字

根据不同需要，打印文件尽量使用小字号字体，可省纸省电。

小窍门

复印打印用双面，边角余料巧利用

复印、打印纸用双面，单面使用后的复印纸，可再利用空白面影印或裁剪为便条纸或草稿纸。

小窍门

设立纸张回收箱

设纸张回收箱，把可以再利用的纸纸张按大小不同分类放置，能用的一面朝同一方向，方便别人取用。注意不要混入复写纸、蜡纸、塑料等，还要注意不要混入订书钉等金属。

小窍门

尽量使用再生纸

公文用纸、名片、印刷物，尽可能使用再生纸，以减少环境污染。

小窍门

减少使用纸杯

员工尽量使用自己的水杯，纸杯是给来客准备的。开会时，请本单位的与会人员自带水杯。

小窍门

会议提供小瓶瓶装水

会场为与会者提供的瓶装水往往有很多不能喝完，建议用小瓶取代大瓶，可节约相当数量的会议成本。

小窍门

减少使用一次性用品

多用手帕擦汗、擦手，可减少卫生纸、面纸的浪费。尽量使用抹布。使用可更换笔芯的圆珠笔、钢笔替换一次性书写笔。

小窍门

减少使用木杆铅笔

少用木杆铅笔，多用自动铅笔，可节约木材用量。

小窍门

减少使用含苯溶剂产品

多使用回形针、订书钉，少用含苯的溶剂产品，如胶水、修正液等。

小窍门

推行电子政务

尽量使用电子邮件代替纸类公文。倡导使用电子贺卡，减少部门间纸质贺卡的使用。

小窍门

重复利用公文袋

公文袋可以多次重复使用，各部门应将可重复使用的公文袋回收再利用。

小窍门

推广使用节能灯

一只11瓦节能灯的照明效果,顶得上60瓦普通灯泡，比普通灯泡节能80%。目前我国的照明用电约占社会总用电量的12%，白炽灯的使用量约为30亿只，推广使用节能灯有巨大的空间。

小窍门

选用较新的节能空调设备

在办公楼改造过程中，应以全新的节能型号代替陈旧的空调设备，如考虑使用热回收型冷气机或热泵机组，在提供冷气的同时，可利用回收的废热将热水加热，大幅提高能源利用效率。

小窍门

安装自控开关

其实并不是每个用能设备都需要长时间开启的，在使用率低的区域(例如会议室)，安装传感器，自动控制空调的开关，避免电能的浪费和过度制冷。

小窍门

优化用能设备的运行

有的办公设备每天只使用几个小时，却保持8小时甚至24小时连续运行，应该仔细研究各用能设备的使用时间和频次、使用负荷的要求，以便随时调节和控制，从而优化用能设备的运行，实现节能和环境保护的要求。

小窍门

夏季房间自然预冷

在夜间最低温度较低的情况下，预先进行通风换气，利用建筑物自身的结构蓄冷。此方法除了可以减少能耗外，还可以保持室内良好的空气质量。

小窍门

过渡季节靠通风制冷

在春季和秋季这样的过渡季节，由于昼夜温差较大，造成空调只在某一时段必须开放，同时大多数商务写字楼由于内部的热源（如：人、计算机、照明设备等）在过渡季节亦需要进行冷却，这种情况下，可以利用早晚较冷的室外空气来满足全部或部分制冷需要，从而减少系统制冷所需的能源。如果操作得当节能效果十分明显。

小窍门

注意清洁空调水系统

水系统清洗目的是为了保证冷却水的换热效率能够

保持设计状态。1毫米的水垢将使中央空调制冷量降低20%~40%，同时使冷凝器压力升高，导致电机负荷增加，多消耗电能10%~30%。

小窍门

使房间保持微正压

房间保持一定的微正压，可以避免室外空气通过大门、窗户以及其他开放处进入楼内，降低舒适度，增加对这些外界空气进行调节的能源消耗。

小窍门

避免厨房、咖啡厅排风机常开

楼宇内的小厨房及咖啡厅等一般没有独立的通风系统，工作时依靠排风机排出烹饪时的热空气。但非工作时间，这些排队风机也常处于运行状态，这样就会将大量已经制冷的室内空气排出，造成损失，增加空调设备的运行，浪费了大量的电能。因此应该制定制度，要求有关工作人员非工作时间关闭排风机，或在排风机上安装定时器。

小窍门

根据季节设定冷冻给水温度

冷冻水给水温度的设计值一般是7℃，而楼宇内的制冷负载在一年之内，甚至在一天之内都是在变动的。在空调负荷较小的情况下，可适当提高冷冻的给水温度以降低制冷设备的能耗。当制冷设备的负载降低时（负荷降低的一个重要标志就是冷冻水给回水温差变小），此时，可尝试将冷冻水给水温度提高几度，同时密切监测系统对建筑内部的冷却能力。

小窍门

制冷机负荷分配合理

一些楼宇的每台制冷机的容量都是一样的，因此大多数场合总是会出现有一台或多台制冷机在较高负荷运行，而总有一台制冷机在较低负荷下运行的情况，这样容易造成一些制冷机在低效区运行。因此要尽量合理搭配负荷，避免某些制冷机在低效区运行。

小窍门

优化运行车库通风设备

车库通风机耗电量很大，应根据不同时段的车辆进出规律，合理开启通风换气机，在保证车库内空气质量的前提下，优化车库通风设备的运行，避免换气机常开。有条件的车库，建议安装自动气体监测传感系统，随时调整通风机的开闭与排风速率。

小窍门

下班提前关闭空调

下班提前一段时间关闭空调，办公室内的温度将持续一段时间，不会影响室内人员工作，可节约空调在这段时间运行耗费的电能。

小窍门

空调不用时关闭电源

在空调关闭不使用的时候，选择干燥的晴天，将空

调器功能键先在“送风状态”下运转一定时间，让空调器内部湿气散发干，然后关掉空调器，拔出电源插头。取出遥控器的电池另置一处，以免电池渗漏腐蚀内部元件。遥控器必须放在干燥的地方，切勿挤压，避免损坏。

小窍门

调低洗手热水温度

将办公楼洗手热水温度设定在45℃以下更为经济节能，降低热水的温度一方面可以减少加热所需的能量，另一方面可以减少热水传输过程中的热损失。

小窍门

能耗计量收费

为鼓励生活小区的节能和环保，业主在聘用物业管理公司时可对其提出节能目标的要求，配以奖惩措施激励大家主动节能。业主或物业管理公司对承租者能源消耗尽量采用计量收费，有条件的楼宇可以安装冷（热）量表对空调使用实现计量收费，改变供热计量按面积收费的方式，实行分户计量，按热量收费。

小窍门

加强节能宣传

可向承租人征求节能合理化建议，利用公告栏、电子屏等渠道宣传节能方法和节能效益，提高承租人的节能意识和能力。

小窍门

增设喷淋蒸发装置

夏季由于环境温度的升高，单元式空调室外机换热效果明显降低，影响了制冷效率，增设喷淋蒸发装置，可大大降低空调的运行负荷，提高换热效果，达到节能目的。

小窍门

利用排风预冷（预热）新风

从排风中直接回收能量也是空调系统节能中的重要内容，在高温或寒冷季节，新风和排风的温差高达10℃左右，采用能量回收装置，如设置热交换器回收排风热量，最多可节约70%~80%的新风耗能量，相当于减轻10%~20%的空调负荷。

小窍门

应用变频调速技术

水泵、风机、电梯等采用变频调速技术是重要的节能措施。例如变频空调通过压缩机线性制冷来减少像传统空调压缩机那样频繁启动，既可以提高环境舒适度，又可节约电能。

小窍门

玻璃幕墙贴反射膜或活动遮阳

玻璃围护受太阳热辐射相当强，如果不采取遮阳措施，会大大增加空调设备的运行负荷，活动遮阳或贴反射膜的方法可有效降低空调电耗。

小窍门

改进景观照明设备

景观照明往往灯具数量众多、工作时间长，具有很大的节能潜力。推广先进照明设备，效果明显。例如发光二极管（LED）耗电量少，寿命是普通白炽灯的几十倍，适合景观照明的使用。

小窍门

锅炉烟气余热再利用

锅炉排烟温度每降低15℃，可以提高锅炉效率1%，一般锅炉设计排烟温度在200℃左右，燃用轻油和天然气的锅炉完全可以通过增加余热回收装置将温度降至150℃以下，此举可提高效率3%以上。

3. 农村节能减排

小窍门

使用节柴灶

我国约有2亿农村家庭使用柴灶(包括秸秆等)，传统柴灶的效率在15%以下，使用节柴灶效率可以提高到20%以上，目前我国农村炊事用能在2亿吨标准煤以上，如果全部推广节柴灶，可以节约能源5000万吨标准煤，相当于保护了1000万公顷的林地不受破坏，减少温室气体排放1.3亿吨。

小窍门

柴草代替燃煤

在秸秆富裕地区，可用燃柴草锅炉代替燃煤锅炉。

一方面可以提高秸秆利用效率，减少粉尘排放量；另一方面可以降低对燃煤的依赖，也可以采用高效的秸秆气化燃烧锅炉，提高燃柴草锅炉的热效率和供热强度。

小窍门

利用风力发电

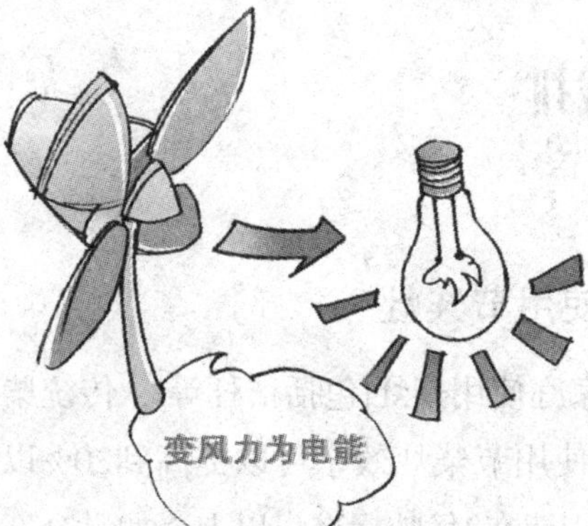

风是一种取之不尽的清洁能源，风力发电是新能源中最具有经济发展前景的一种发电形式。我国边远地区可采用多种运行方式的风力发电系统满足生产和生活用电需求。

小窍门

秸秆资源化

我国农作物秸秆年产量约为7亿吨，列世界之首。秸秆资源化利用潜力巨大。秸秆资源化技术包括秸秆还田、制有机肥料、秸秆气化及压块燃料、动物饲料、作造纸业和纺织业的原料及秸秆培养食用菌，等等，具有很大的经济和社会效益。

小窍门

草砖代替黏土砖

在草原和草本植物较丰富的地区，可以利用草砖替代黏土砖，草砖是由金属网将稻草或麦秸秆紧紧捆扎而成的，长为90~100厘米，高度为36~40厘米，厚度为45~50厘米，具有良好的隔音、隔热保温效果，避免生产和使用黏土砖时，造成能源的消耗和土地资源的破坏。

小窍门

推广太阳能采暖房

被动式太阳房具有集热、蓄热、保温等功能。在无辅助热源的情况下，被动式太阳房冬季可提高室内温度8℃以上，室内外温差达到15℃。

小窍门

日光温室

日光温室主要是以太阳能为热源。白天，阳光透过日光温室塑料薄膜，把能量送入温室内，使室内气温上升；夜晚，覆盖草苫、植被等保温材料，减少室内热量的散失，此法主要用于冬季蔬菜种植。

小窍门

提高氮肥使用率

生产1吨氮肥需消耗能源1.4吨标准煤，通过推行氮肥深施等措施，全国氮肥利用率每提高1个百分点，就可减少氮肥生产环节的能源消耗250万吨标准煤。

小窍门

畜禽粪便生产沼气

我国每年畜禽养殖产生25亿吨的粪便，将粪便作为原料投入沼气池生产沼气，可以大幅度减少农村燃烧秸秆排放的二氧化碳数量。

小窍门

提高柴油机冷却水温度

农用柴油机正常出水温度应为65~95℃，在室温的情况下，特别是在冬季更要注意保证柴油机冷却水的温度，避免因油温过低，机油粘度大导致的柴油机运行阻力增加，加大油耗。

小窍门

保证最佳供油提前角度

当柴油机使用一段时间后，由于柱塞偶件与喷油泵传动件的磨损，供油提前角度就会减小，耗油大增，应注意定期调整供油提前角至最佳角度。

小窍门

防止柴油机漏油

目前柴油机输油管常因接头面不平、垫片变形或扣环存在漏油现象，采用适当的方法如将垫片涂上气门沙，放在玻璃板上磨平，校正油管接头，增设柴油回收装置等措施可有效防止漏油现象的发生。

小窍门

油料用前进行净化

柴油机的故障有大部分出自供油系统。买回的柴油先搁置沉淀2~4天，再使用时可沉淀柴油中98%的杂质。

如现买现用，可在油箱加油口滤网处放两层绸布或卫生纸，用以滤去杂质。

小窍门

改变“大马拉小车”做法

机井上常见的“大机器带小水泵”现象能源浪费严重。改进办法：适当加大柴油机皮带轮，在柴油机降速运行的情况下提高水泵转速，使流量、扬程与轴功率增加，达到节能目的。

小窍门

水泵斜装

将水泵斜装或蜗壳转向，减少弯头，使出水口正对水池。

小窍门

扩大出水管径

把4米长的10厘米出水胶管换成15厘米管，10小时可节约柴油0.5千克。

小窍门

减小入水阻力

通过及时清理入水口杂物等手段减少入水阻力，可有效减少水泵能耗。

小窍门

换口环，调整轴向间隙

防止叶轮口环和轴向间隙不恰当，使用时根据水泵的出厂说明仔细调整。

小窍门

及时消除管道堵塞物

异物留在进水管、叶轮或导流壳流道内，都将使出水量减少，水泵效率降低。

小窍门

水泵采用联轴器

采用联轴器直接传动代替皮带传动，可提高传动效率。

小窍门

节水灌溉法之一：畦灌

畦灌是将田块用低矮土埂分割成许多矩形条状地块，灌溉水以薄水层水流的形式输入田间，并以重力作用为主，兼有毛细管作用湿润土壤的灌水方法。与大水漫灌相比，畦灌节水效果明显。

小窍门

节水灌溉法之二：小白龙灌溉

小白龙灌溉是运用薄膜软管作为输水管道的灌溉技术，该方法生产投入低，还可避免因用水过量给作物造成的危害。

小窍门

节水灌溉法之三：膜上灌溉法

膜上灌溉利用地膜在田间灌水，水在地膜上流动的过程中通过放苗孔或膜缝慢慢地渗透到作物根部，进行局部浸润灌溉。膜上灌溉法具有操作方便、不需增设专门设施、灌水效率高等特点。

小窍门

节水灌溉法之四：喷灌

喷灌是将灌溉用水由水泵加压或自然落差形成压力，用管道送到田间，再经喷头喷射到空中，形成细小水滴，均匀地洒落在农田中，达到灌溉的目的，喷灌具有省水省工、提高土壤利用率等特点。

小窍门

节水灌溉法之五：滴灌

滴灌是通过干管、支管和毛管上的滴头，在低压下向土壤经常缓慢地滴水，从而直接向土壤供应已过滤的水分、肥料或其他化学剂等的一种灌溉系统。滴灌具有省水省工、增产增收等优点。

小窍门

节水灌溉法之六：渗灌

渗灌是一种地下微灌形式，在低压条件下，通过埋于作物根系活动层的灌水器（微孔渗灌管），根据作物的生长需水量定时定量地向土壤中渗水供给作物。渗灌蒸发量很少，输水基本无损失，水的利用率极高。

小窍门

节水灌溉法之七：微喷灌

微喷灌是通过管道系统利用微喷头将低压水或化学药剂以微流量低压喷洒在枝叶上或地面上的一种灌溉形式，微喷灌湿润面积比滴灌大，这样有利于消除含水饱和区，使水分能被土壤随时吸收，改善根区通气条件。

小窍门

节水灌溉法之八：水稻薄露灌溉

薄露灌溉中的“薄”是指灌溉水层尽量薄，除水稻返青期遇低温或高温灌深水外，每次灌水深2厘米左右，土壤水分饱和即可；“露”是指每次灌水(包括降雨)后，都要自然落水露田，淹灌连续超过5天，就应排水落干，简单说就是“薄灌水，常露田”。

小窍门

化学保水剂节水技术

保水剂是利用强吸水性树脂制成的吸水保水高分子聚合物。使用保水剂可明显延长浇水时间，节水效果明显。

小窍门

节水播种灌溉技术

节水播种灌溉技术是结合播种而实施的一种节水型灌溉技术，用于土壤墒情不足时作物的抗旱播种，在灌水的同时亦完成播种作业。

小窍门

集雨滴灌技术

集雨滴灌技术利用雨水集蓄工程收集雨水，然后采用滴灌对农田进行补充灌溉。该方法具有开源节流的特点。

小窍门

水肥耦合节水技术

水肥耦合节水技术通过对土壤肥力的测定，建立以肥、水、作物产量为核心的耦合模型，合理施肥，培肥地力，以肥调水，以水促肥，充分发挥水肥协同效应和激励机制，提高作物抗旱能力和水分利用效率。

4. 工厂节能减排

小窍门

空调设定在经济温度运行

工厂内空调应随季节变化调整温度、湿度设置。在满足生产需求的前提下，制冷空调应将温度设定为生产规定温度的上限。对一般中央空调系统来说，制冷温度调高1℃，可节电7%左右。

小窍门

控制冷冻水进出口温差

一般情况下，冷冻机在高效区运行时冷冻水进出口温差为4~5℃。当冷负荷较低时，冷冻水进出口温差将缩小，此时可通过调整冷冻机的运行工况或调整冷冻水流量等进行控制。

小窍门

冷却水泵巧节电

当常规冷却水泵冷却水进出口温差小于4~5℃时，会出现“小温差，大流量”现象，水泵因做一部分无用功而浪费电能，此时可通过水泵变频控制或以小泵替代大泵的方法节电。

小窍门

变速调节控制好，水泵节电最有效

目前水泵节电中采用最普遍、最有效的一项措施是变速调节。变速调节能根据不同的需求，柔性调节水泵运行功率，使水泵在满足需求的情况下，消耗的电功率最匹配，运行最节电。

小窍门

并联冷却水泵巧节电

并联泵要根据冷却水进出口温差大小来控制水泵运行台数，根据需求负荷变化而运行不同规格的水泵。

小窍门

非高温季节冷却塔巧节电

在冬季和过渡季节的非高温季节，冷却塔风机在负荷较小，室外温度较低，不需要强制冷却时可根据实际情况，通过关闭冷却塔风机或对其变频控制达到节能目的。

小窍门

冷冻水池巧利用

实行峰谷分时电价的地区，在冷冻机能力有余且冷冻水池有一定容量的情况下，可以利用峰谷电电价差，在谷电时段冷冻机满负荷运行，使水池中存有较低温度的冷冻水，水池所蓄的冷量在峰电时段释放，以减轻冷冻机的负荷，可以节省较可观的电费。

小窍门

设置蓄冷水池

蓄冷水池具有充当消防水池、调节冷负荷、使冷冻机运行平稳等功能，设置蓄冷水池投资少、回收期短、运行费用低，可有效节电节能。

小窍门

处理空调区域内发热源

空调区域内较大的发热源会加大冷负荷的需求，在发热源无法消除的情况下，可通过局部排风、岗位送风、与周围隔离等措施达到节能效果。

小窍门

清洗空调的水系统

空调水系统在运行过程中，换热器的内外表面由于吸附杂质、油污等，导致换热能力下降，冷冻机能效降低。定期对换热器进行清洗，可提高换热能力，提高冷冻机的能效，延长设备的使用寿命。

小窍门

清洗空调的风系统

空调风系统在运行过程中，空调箱、风机、盘管、过滤器等设备表面积灰较多，导致换热能力下降、阻力增加、微生物细菌繁殖等。定期清洗风系统可减少系统阻力，提高换热能力，节省电力，还可以减少空气污染，改善空气质量。

小窍门

加装压力平衡装置

水力系统缺少压力调节装置时，会造成系统局部水压不平衡，通过提高水泵的扬程来克服系统最大阻力的方法，会增加水泵的电能消耗。此时可将产生水力不平衡的管道加装压力平衡装置，并加以调节，即可达到降低水泵扬程、降低电耗的目的。

小窍门

降低空调区域热负荷

通过降低空调区域热负荷，如减少照明灯具散热、设备散热、太阳光辐射热、空气渗透带入热量等，可有效降低电耗。

小窍门

选用高效电机

企业在更新、调换电机时，应优先选用YX、YE、YD、YZ等系列的高效电机，Y系列电机比JO系列电机效率平均高1.5%左右，而高效电机比Y系列电机效率还要提高3%左右，选用高效电机节电效果明显。

小窍门

选用高效风机、水泵

高效风机、水泵往往比传统风机、水泵的效率高出10%~20%。选用高效风机、水泵可以较大幅度地提高效率，节省电力。

小窍门

控制三相异步电动机的空载

控制电动机的空载是电动机最有效的节电措施之一。一般异步电动机的额定功率和空载功率比例在2：1和4：1之间，控制电动机空载可有效节约电能。

小窍门

加强风机、水泵的运行管理

风机、水泵在工厂用电设备中量大面广，通过加强管理，消除运行负荷偏离额定负荷的因素，或减少无用功输出，可提高风机、水泵的运行效率，起到明显的节电效果。

小窍门

加快对高能耗配电变压器的技术改造

变压器使用寿命长，用高效节能型变压器替代高能耗变压器，可有效提高能源转换效率，节电效果相当可观。如SJ、SJL、SL7、S7等系列高能耗配电变压器的铁损、铜损都比目前广泛使用的S9系列变压器高出很多，S7与S9相比，铁损高出11%，铜损高出28%，非晶合金变压器的铁损只相当于S7系列变压器的20%。

小窍门

提高变压器效能

提高变压器效能的主要措施包括尽量选用低损耗、高效节能变压器；根据负载情况，选择合理容量的变压器；平均负载系数经常小于30%时，应酌情调换小容量变压器等。

小窍门

减少线损率

减少线损率的主要措施包括提高负载功率因数，减少无功电流，采用无功就地补偿和提高负载自然功率因数；合理提高线路运行电压，采用带载分接头调压开关；合理安排负荷分布；尽量将配电变压器安排在负荷中心，缩短低压线路的长度等。

小窍门

正确选择节能灯

选择节能灯时注意看清是否具有3C标志和节能认证标志，带有上述标志的节能灯才具有安全和节能保障。

小窍门

减少使用格栅灯具

格栅灯具效率普遍偏低，在对眩光要求不高的情况下，尽量采用开敞式灯具代替格栅灯具照明。

小窍门

合理安排灯具的照度

应根据不同场合对照度的不同需求，合理安排灯具数量，在满足需要的前提下尽量节能。

小窍门

定期清理灯具灰尘

对光源、发射罩上积灰进行定期清理，可有效提高灯具的发光效率，延长其使用寿命。

小窍门

优先使用自然光

在工业建筑设计时优先采用自然光照明，可以有效减少人工照明对电力的消费。

小窍门

为照明线路加装稳压装置

夜间用电负荷减轻时，电网电压的升高引起照明灯具的电耗同比增加，在照明配电线路上加装电压稳压装置控制电压，既可减少电耗，还能延长灯具的使用寿命。

小窍门

采用节能措施控制照明线路

常用的节能措施包括给线路加装节电器，降低灯具的端电压；加装智能控制装置，根据需要控制灯的亮度、开关时间；加装声控、光控、触摸开关等。

小窍门

合理设置车间照明

车间照明设置应按照车间内不同区域对照度的不同要求，采用混合照明方式，在满足需要的前提下减少一般照明，相应增加局部照明，节约照明用电。

小窍门

适当调整空压机出口压力

空压机的出口压力应按照用气设备的使用压力适当调整，避免使用前减压造成的压缩空气品质下降及能量损失。

小窍门

定期检查压缩空气管网

通过定期检查压缩空气管网，及时消除管网焊接、连接处泄漏点，特别是较老的管线中因法兰连接处密封圈腐蚀、焊接处锈蚀导致的压缩空气泄露，可有效减少压缩机用电。

小窍门

对用气终端进行漏气检查

加强用气终端的使用管理，加强漏气检查，排除因用气终端设备密封圈损坏等漏气因素，可有效减少压缩空气的能源消耗，节约电力。

小窍门

不同压力等级的设备巧供气

当各种用气设备所需压缩空气的压力相差较大且有相当用气量时，应根据使用压力不同，分别供给相应压力的空气，避免用同一管路高压供气，低压设备再减压使用，造成高品质压缩空气低品质使用。

小窍门

发挥储气罐的缓冲功能

在空压机房或用气点附近设置储气罐，用来调节和平衡供气能力，可提高压缩机的工作效率，延长其使用寿命。

小窍门

控制空压机进风温度

将空压机进气口置于阴凉处或采取遮阳措施，降低空压机进气温度，可有效提高空压机效率。

小窍门

利用空压机产生的“废热”

对于空压机制气过程中产生热量，可通过热交换器因地制宜转换成可以利用的热源，用于加热水源、空气增温等等。

小窍门

减少空压机空转时间

一般空压机空载功率消耗为额定功率的1/3，合理调整空压机负荷，减少空转时间，可有效节电。

小窍门

合理设置空压机供气方式

空压机集中供气方式适用于用气压力等级相同、用气点集中的情况，压缩机分散(就地)供气方式适用于用气压力等级相差较大、用气点较分散的情况。

小窍门

加强电梯经济运行

提高电梯运行经济性的主要措施包括变频控制、采用高效电机、加强货梯的集中运货、避开高峰用电等措施。

小窍门

加强办公电器设备待机管理

通过制定明确的规章制度，规范员工行为，使办公电器设备在非使用时段采取切断电源、休眠等措施，减少不必要的电能消耗。

小窍门

严格管理分体空调

厂房、车间应建立健全分体空调使用制度，杜绝空调温度设置过低、因开门开窗导致的空调冷量流失等现象。

小窍门

设备采购时重视节能因素

在设备采购过程中，应全面评估设备全寿命周期的运行成本，根据企业自身情况，优先选购能源利用率高，节能环保型设备。

5. 餐饮业节能减排

小窍门

作为经销商，可要求供货商回收利用运货筐，从而减少因生产数目巨大的运货器具消耗的大量能源。经销商在节能减排方面的要求往往能促使供货商采取行动。

小窍门

尽量减少瓶装或罐装饮料的供应，出售瓶装饮料时尽量采取措施回收饮料瓶，玻璃产品的生产过程会消耗大量能源。

小窍门

优先购买大容量包装的牛奶和饮料，尽量减少不必要的包装。

小窍门

储藏条件具备时，可大批量购入肉类和鸡蛋等，一则降低成本，再则可减少运输过程的能耗。

小窍门

新进的货物放在货柜里面和下面，先用存货。注意定时清查库房，尽量减少食物腐烂造成的浪费。

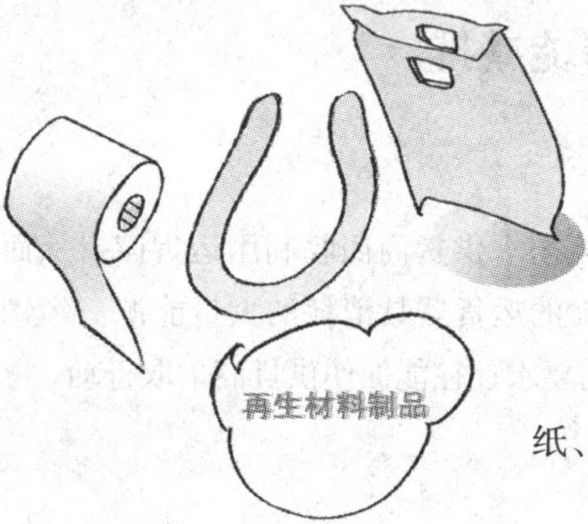

小窍门

优先购买再生材料制作的纸制品，包括卫生纸、餐巾纸、面巾纸、马桶垫、袋子。

小窍门

尽量选用经清洗可反复使用的桌布、餐具，尽量减少使用一次性用品。

小窍门

要求服务员和厨师使用可重复清洁、重复使用的帽子，规定员工工作餐使用非一次性餐具。

第三部分

附　录

节能减排相关政策文件目录汇编

1.《中华人民共和国国民经济和社会发展第十一个五年规划纲要》

2.《国务院关于加强节能工作的决定》（国发【2006】28号）

3.《高度重视　狠抓落实　进一步加强节能减排工作——温家宝总理在全国节能减排工作电视电话会议上的讲话》（2007年4月27日）

4.《国务院关于印发节能减排综合性工作方案的通知》（国发【2007】15号）

5.《关于进一步加强中央国家机关节能减排工作的通知》（国管房地【2007】159号）

6.《关于印发节能减排全民行动实施方案的通知》（发改环资【2007】2132号）

7.《关于发布节能减排全民科技行动方案的通知》（国科发社字【2007】628号）

后 记

2006年3月，《国民经济和社会发展第十一个五年规划纲要》提出，到2010年单位GDP能耗比2005年下降20%左右，主要污染物排放量减少10%，并作为具有法律效力的约束性指标。2007年4月25日，国务院常务会议专题审议通过了《节能减排综合性工作方案》，会议决定成立由温家宝总理任组长的国务院节能减排工作领导小组。4月27日，国务院召开全国节能减排工作电视电话会议，温家宝总理作重要讲话，对节能减排工作进行了全面部署。7月9日和11日，温家宝总理分别主持召开国家应对气候变化及节能减排工作领导小组第一次会议和国务院常务会议，审议通过了《推动落实节能减排综合性工作方案部门分工》、《2007年各部门节能减排工作安排》。

为贯彻落实全国节能减排工作电视电话会议和《国务院关于印发节能减排综合性工作方案的通知》（国发［2007］15号）精神，进一步动员全社会积极参与节能减排工作，形成政府推动、全社会共同参与的节能减排工作机制，2007年8月，国家发改委、中宣部、科技部等十七个部门共同推进实施了“节能减排全民行动”。

实现节能减排目标，任务十分艰巨，全民参与是实现节能减排目标的根本要求，科学技术是实施节能减排全民行动的重要支撑。必须依靠科学技术，开展高效节能与污染控制技术、资源循环利用技术、新能源与可再生能源等高新技术和适用技术的研发，大力推广、普及和应用节能减排科技成果，为转变生产方式，提高企业的节能减排技术水平和管理水平提供技术保障。必须依靠科学技术的引领和支撑，宣传普及节能减排科学知识和方法，推广应用节能减排先进适用技术和产品，提高全民的节能减排意识和能力，转变不合理的消费模式，提倡崇尚节约、科学文明的生活方式，形成节约资源、减少污染、保护环境的社会风气。

为进一步提高全民的节能减排意识和能力，推动全社会依靠科技，积极参与和大力实施全民节能减排，科技部、发改委、中宣部、全国人大环境与资源保护委员会、全国政协人口资源环境委员会、中国科协等六部门联合推动实施“节能减排全民科技行动”。作为“节能减排全民科技行动”的一项内容，科技部社发司、中国21世纪议程管理中心组织专家编写了《全民节能减排手册（全民节能减排潜力量化指标）》和《全民节能减排技巧汇编》两本小册子，通过媒体向社会进行了宣传和发布，并在一些节能减排宣传活动中进行了发放。

以上小册子经发布后，产生了很大的社会反响，社会各界和各地方都纷纷与我们联系，表达了对两本册子的迫切需求。应社会各界的呼声，为了更好地满足广大社会公众和各地组织开展节能减排科技宣传、教育的需要，在社会科学文献出版社的积极努力下，我们将两本册子合订成为《全民节能减排实用手册》并正式出版，在此，我们要对“十一五”国家科技支撑计划重大项目“全球环境变化应对技术研究与示范”课题“全球环境变化人文因素的检测与分析技术研究”课题组的专家们表示感谢，他们的研究成果为本书提供了关键的技术依据和基础。我们要向北京市西城区、武汉市江岸区等国家可持续发展实验区表示衷心感谢，在汇编、征集全民节能减排技巧和开展节能减排全民科技行动宣传的过程中，他们积极响应并给予了我们有力的支持。同时，在本书编写过程中，我们也参考了国内外一些相关资料的内容，并吸收了专家们的修改意见和建议，在此向从事节能减排科技普及和宣传的同仁们表示感谢！我们也要向社会科学文献出版社的邓泳红编辑、梁艳玲编辑等表示感谢，他们的积极态度和高效工作是本书很快得以面世的重要保证。

最后，我们特别要感谢科学技术部万钢部长在百忙之中为本书作序。在本书编写过程中，科学技术部刘燕华副部长给予了我们宝贵的指导和鞭策，使我们受益匪浅，在此也特别表示感谢！

因时间紧迫和水平所限，本书定有不妥之处，敬请读者不吝指正，以便我们在本书再版时不断改进。

编　者

2007年10月

图书在版编目（CIP）数据

全民节能减排实用手册/科学技术部社会发展科技司，中国21世纪议程管理中心编著．—北京：社会科学文献出版社，2007.11（2014.6重印）

ISBN 978-7-80230-869-5

Ⅰ. 全… Ⅱ. ①科… ②中… Ⅲ. 节能－手册 Ⅳ. TK01-62

中国版本图书馆CIP数据核字（2007）第159069号

全民节能减排实用手册

编　　著／科学技术部社会发展科技司
　　　　　中国21世纪议程管理中心

出 版 人／谢寿光
出 版 者／社会科学文献出版社
地　　址／北京市西城区北三环中路甲29号院3号楼华龙大厦
邮政编码／100029

责任部门／皮书出版分社（010）59367127　　责任编辑／梁艳玲
电子信箱／pishubu@ ssap. cn　　责任校对／陈　蕊
项目统筹／邓泳红　　责任印制／岳　阳
插图设计／传大优浦
经　　销／社会科学文献出版社市场营销中心（010）59367081　59367089
读者服务／读者服务中心（010）59367028

印　　装／三河市尚艺印装有限公司
开　　本／787mm×1092mm　1/32　　印　　张／5.5
版　　次／2007年11月第1版　　字　　数／90千字
印　　次／2014年6月第12次印刷
书　　号／ISBN 978-7-80230-869-5/F·207
定　　价／19.00元